CATÉCHISME

AGRONOMIQUE

A L'USAGE

DES ÉCOLES PRIMAIRES RURALES

PAR

ARISTIDE VINCENT

Membre de la Commission permanente des Pêches, de la Commission
Consultative d'Agriculture et Vice-Président de la Société
d'Agriculture de Brest.

BREST

Imprimerie et Lithographie ROGER, rue d'Aiguillon, 42.

1860.

CATÉCHISME AGRONOMIQUE

A L'USAGE

DES ÉCOLES PRIMAIRES RURALES

PAR

ARISTIDE VINCENT,

Membre de la Commission permanente des Pêches, de la Commission
Consultative d'Agriculture et Vice-Président de la Société
d'Agriculture de Brest.

BREST,

Imprimerie et Lithographie ROGER, rue d'Aiguillon, 42.

1860.

A Monsieur SOUMAIN, Sous-Préfet de Brest.

Permettez-moi de vous dédier ce très-modeste essai de diffusion des connaissances primaires agricoles, à vous qui comprenez si bien la nécessité d'éclairer nos bons campagnards sur leurs intérêts, et qui ne faillirez pas à l'accomplissement de l'obscure, mais utile tâche que vous vous êtes donnée de tendre une main protectrice à ces populations sur lesquelles repose l'avenir de la société, de les pousser dans la voie du mouvement progressif qui entraîne rapidement les autres parties de la France.

Acceptez ce tribut, ce faible résultat des efforts que je fais depuis vingt-cinq ans, pour réhabiliter la Bretagne dans l'opinion publique, pour développer les éléments latents de puissance agricole qu'elle possède et dont vous avez si bien saisi toute l'importance.

Votre tout dévoué administré,

ARISTIDE VINCENT,

Ancien Maire de Landévennec, Ingénieur civil.

CATÉCHISME AGRONOMIQUE.

Qu'est-ce que l'Agriculture?

C'est l'art de faire rendre à la terre la plus grande quantité possible de substances alimentaires avec le moins de dépenses. C'est la première et la plus utile de toutes les industries, puisqu'elle nourrit tous les hommes, puisqu'elle fournit les matières premières à la plupart des autres industries; puisqu'enfin elle est la seule qui assure *toujours* l'existence, sinon l'aisance, à ceux qui la pratiquent. Effectivement, le cultivateur vit de ses produits, s'il ne trouve pas à les vendre, tandis que le fabricant de draps, de soieries ou d'autres marchandises analogues, ne pouvant manger les siens, est exposé à tomber dans l'indigence s'il ne les vend pas.

Pourquoi donc le plus grand nombre des Cultivateurs est-il pauvre ?

Parce que peu savent faire rendre économiquement à la terre ce qu'elle pourrait donner; parce qu'ils en obtiennent à peine de quoi satisfaire à leurs besoins les plus pressants en nourriture et en vêtements, et que, dès-lors, ils manquent complètement du bien-être qui constitue la principale partie de la félicité humaine et qui doit être la récompense du travail persévérant et intelligent.

Comment peut-on expliquer l'absence du bien-être chez la plupart des Cultivateurs dont la vie est cependant si laborieuse et si pleine de privations ?

C'est qu'il ne suffit pas de travailler beaucoup, mais qu'il le faut faire utilement ; c'est qu'on doit le faire de manière à récolter beaucoup en dépensant peu.

Or, tandis que la généralité de la France récolte six fois et demie la semence de froment, l'Angleterre récolte neuf fois la semence sur une terre moins favorisée de la climature. En outre, ce dernier produit est obtenu par un nombre de travailleurs proportionnellement moindre, de sorte que le cultivateur anglais récolte une valeur de 725 francs pendant que le français n'obtient que 215 francs ; aussi le premier est-il dans l'aisance, et le second dans la misère ou dans une position fort voisine de l'indigence.

La détresse du cultivateur n'est donc pas le résultat obligé de sa condition d'agriculteur. Elle provient uniquement de l'imperfection de ses procédés ; c'est ce qu'établit nettement le vieux dicton : *tant vaut l'homme , tant vaut la terre.*

Peut-on classer la valeur des Cultivateurs comme on classe celle des méthodes de culture ?

Oui, indépendamment de la quantité et de la qualité du travail agricole, il y a encore la méthode ou le système le mieux approprié à la climature, à la position topographique et à la civilisation du cultivateur et de la nation à laquelle il appartient.

Le premier pas de l'art aratoire est la culture pastorale qui consiste à ne cultiver que les aliments rigoureusement nécessaires à l'existence, puis à spéculer principalement sur des troupeaux nourris sur des pâturages naturels. C'est la culture des pays peu peuplés. Souvent les troupeaux sont conduits sur des pâturages lointains où leurs propriétaires les suivent ; ce sont les populations nomades. Dans ce système, il faut des centaines d'hectares pour nourrir une famille et son troupeau.

Le second degré comprend une culture de blés excédant la consommation de la famille établie d'une manière permanente. Le pâturage est toujours la seule ressource du bétail, plus limité en nombre dans les pays méridionaux. Dans les contrées plus septentrionales, où le pâturage fait défaut pendant une partie de l'hiver, on supplée au pâturage par la paille et le foin. C'est la culture de la presqu'universalité des petits cultivateurs français. Quinze hectares au moins sont nécessaires pour mal nourrir et entretenir une famille par ce système agricole.

Le troisième degré consiste dans la culture dite *anglaise,* ou mieux *culture alterne*, qui a pour base l'abandon presque total du pâturage naturel, l'entretien presqu'exclusif du bétail à la crèche, et à l'alternation périodique des cultures de blés et de fourrages artificiels. Avec ce système, cinq hectares nourrissent bien une famille.

Le cultivateur, selon le premier système, n'est et ne peut être qu'une sorte de barbare, tel est le Bédouin, le Cosaque, le Tartare, etc.

Dans le second, il occupe le dernier degré dans l'échelle de la civilisation et du bien-être. Rarement peut-il aspirer à l'aisance quoiqu'il se donne beaucoup de peines pendant sa vie toute entière.

Dans le troisième, produisant avec la même quantité de travail beaucoup plus qu'il ne consomme, le cultivateur parvient aisément au bien-être et même à la fortune, s'il a de la conduite.

Suffit-il d'employer une bonne méthode pour obtenir de la terre tout ce qu'elle peut rendre ?

Non, car la différence de climature, la nature diverse des sols, l'éloignement ou la proximité des lieux de débouchés, exigent des modifications notables dans la manière de travailler et dans le choix des plantes cultivées. Près des villes, la production la plus avantageuse est celle des légumes et du laitage. Loin de ces précieux débouchés, on est obligé de rechercher des produits pouvant se conserver et se transporter au loin, tels que les blés, les lins, chanvres et autres plantes commerciales, l'élève et l'engraissement du bétail.

Peut-on obtenir de bonnes récoltes dans toutes les terres ?

Les terres de toute nature sont susceptibles de produire quelque chose, mais elles ne le font qu'en raison de leur qualité, d'abord, et ensuite proportionnellement aux soins qu'on leur consacre. Celles qu'on appelle *bonnes,* produisent de riches récoltes avec peu de soins; les médiocres donnent moins malgré un travail plus considérable; enfin, et à plus forte raison, perd on son temps à cultiver les mauvais sols, si l'on emploie pas des moyens énergiques et persévérants pour les améliorer.

La première chose à faire est de *bien labourer* ;

La seconde, de *bien fumer* ou engraisser.

Qu'entend-on par bien labourer ?

On entend que le sol soit parfaitement divisé, en raison de sa nature et aussi profondément que possible, afin que les racines des plantes y puissent pénétrer aisément pour y puiser les sucs nourriciers nécessaires à leur complet développement.

On entend encore par bien labourer le sol, le *retourner* de manière que la surface qui est chargée de fumier ou de plantes vertes soit enfouie, afin que ces matières, se décomposant dans la terre, y servent à nourrir les végétaux qu'on y sèmera, en même temps que le fond, ou partie inférieure du sol venant à son tour à la surface, se trouve exposé au soleil, à l'air, à la gelée, à la pluie, enfin aux alternatives des variations atmosphériques qui le divisent, l'émiettent et favorisent la décomposition des matières fermentescibles qu'on y a déposées, décomposition nécessaire pour que les plantes s'assimilent les principes constituants de ces matières.

Les labours sont d'autant plus nécessaires que le sol est plus compact, et ce qui le démontre, c'est qu'en les labourant on retrouve en partie l'engrais qu'on avait enfoui l'année précédente, presque dans l'état où on l'avait mis.

Bien labourer, consiste donc à bien diviser le sol, et à retourner la terre de manière à ce que le dessus devienne le dessous, que le dessous devienne dessus, et ainsi continuer alternativement.

Les labours les plus profonds sont-ils les meilleurs ?

Oui, quand la terre est profonde et bonne ; non, si la couche de terre végétale est peu épaisse. On ne doit jamais entamer le sous-sol, ou si on le fait, ce ne doit être que très-légèrement, s'il est argileux, car ce sous-sol diminuerait la fertilité de la terre végétale si celle-ci est déjà compacte. Au contraire, enlevé en petite quantité, le sous-sol s'effrite, se décompose à l'air et se mêle à la terre cultivable avec avantage si celle-ci est sableuse. Les sables secs, susceptibles d'être enlevés par le vent, sont considérablement améliorés quand on ramène à leur surface une partie de leur sous-sol argileux, lequel leur donne du liant, du corps, les empêche de se dessécher et arrête l'évaporation des principes volatils des engrais. Ces sables acquièrent souvent par ce moyen une incroyable fertilité, mais dans les terres compactes, il produit un mauvais effet en les rendant plus lourdes encore.

Là où l'on peut impunément labourer profondément, il ne convient encore de le faire qu'en raison de la quantité de fumier dont on dispose, car, si l'on mélange une même masse d'engrais dans une couche de terre ayant une profondeur double, l'effet de cet engrais se trouvera réduit de presque moitié ; les végétaux poussant à la surface et dont les racines traçantes s'enfoncent peu dans le sol, ne profiteront pas du fumier enterré profondément et resteront maigres. Les racines à pivot se trouveront seules bien des labours profonds et végéteront d'autant plus énergiquement que leurs racines pénétreront plus profondément dans la couche d'engrais.

Un seul labour suffit-il pour faire une bonne culture ?

Cela dépend de la nature du sol. Quand la terre est lourde et très-argileuse, plus on laboure, plus elle produit. Dans ces terrains, la multiplicité des labours est, en quelque sorte, plus efficace que le fumier, parce que celui-ci, ne se décomposant que très-lentement dans les terres compactes, agit peu sur les récoltes. La division de ce sol, en mettant toutes ses parties en contact avec l'air et le soleil, facilite la décomposition des matières fermentescibles qu'il renferme et le fertilise. Aussi, dans les pays de bonne culture, laboure-t-on quatre ou cinq fois par an les champs de cette nature. Dès l'enlèvement des récoltes, on charrue la terre pour enfouir les mauvaises herbes qui couvrent les champs à cette époque, ainsi que le chaume ou racines des blés. Avant les gelées on laboure de nouveau pour détruire les herbes qui ont repoussé, et, pour que la gelée divise le sol, au milieu de l'hiver on charrue encore dans le même but; enfin, au printemps, avant de semer, on laboure encore. Alors le sol est meuble et propre.

Quant aux terres légères, moins on les laboure, mieux cela vaut. Ce travail n'est nécessaire que pour enfouir et mélanger le fumier à la terre, en renouvelant la couche qui reçoit les végétaux cultivés, tout en enterrant et détruisant les mauvaises herbes. Les labours répétés favorisent trop la décomposition et la rapide évaporation de l'humidité nécessaire au développement des végétaux. Ils favorisent trop l'évaporation des principes volatils des engrais. Aussi, ces sols produisent-ils plus dans les climats brumeux et pluvieux que dans ceux qui sont exposés à de longues sécheresses.

Quel est le meilleur instrument pour labourer ?

C'est, sans contredit, la *bêche* ou *pelle;* mais la lenteur du travail qui se fait avec cet instrument le fait reléguer aux cultures de jardins et aux petites exploitations rurales. Partout ailleurs on emploie la *charrue* qui, bien que moins susceptible de produire un travail parfait, permet de faire beaucoup plus d'ouvrage dans une journée, soit qu'on la manœuvre avec des bœufs ou avec des chevaux.

La meilleure charrue est évidemment celle qui fait un travail ressemblant davantage à celui de la bêche. La charrue à soc plat, en usage partout où l'on cultive bien, remplit passablement le but, qu'elle soit avec ou sans avant-train. Dans tous les concours, cette charrue montre sa supériorité sur les charrues des vieux systèmes usités, aussi se généralise-t-elle de plus en plus.

Suffit-il de bien labourer pour obtenir de bonnes récoltes?

Non, car si la mission de la terre consiste d'abord à servir de support aux plantes, elle a aussi celle de contenir divers principes fécondants que les racines y puisent pour nourrir le végétal dont elles sont les pourvoyeuses.

Parmi les végétaux, il en est qui puisent leur nutrition principalement dans la terre par leurs racines, ce sont ceux qui ont peu de feuillage. D'autres vivent, sinon principalement, du moins dans une forte proportion, des principes gazeux ou volatils existants dans l'air, au moyen de l'absorption qu'elles en font par les feuilles, aussi ont-elles un feuillage très-développé. C'est donc une faute grave que de couper leurs feuilles avant leur maturité, c'est-à-dire avant leur dessiccation. On en acquiert la preuve quand on coupe lés fanes *(feuilles)*, de la pomme de terre avant leur flétrissure, les tubercules sont petits, incomplètement mûrs et la récolte est peu abondante.

Les végétaux de la première espèce sont dits *épuisants,* parce qu'ils prennent beaucoup au sol, tels sont les blés, le lin, le chanvre, le colza, etc. Ceux de la seconde sorte sont regardés comme *peu épuisants*, parce qu'ils vivent davantage aux dépends de l'atmosphère.

Les bons labours, en divisant la terre, en l'ameublissant, facilitent aux racines l'absorption des principes nutritifs que la terre renferme, principes dont le dégagement a été favorisé par cet ameublissement du sol; mais là s'arrête leur utilité, et comme un terrain s'épuiserait promptement de ses principes fécondants, si on ne lui donnait pas les moyens d'en reproduire à mesure de leur consommation, il en résulte la nécessité d'alimenter le sol avec des engrais possédant ces principes fécondants qui se dégagent dans la terre sous l'influence de la chaleur et de l'humidité. C'est le concours des bons labours et des engrais qui produit la fertilité.

Qu'entend-on par engrais?

On appelle *engrais* tous les corps susceptibles d'une décomposition s'opérant dans le sein de la terre et dont les principes constituants peuvent servir à la nutrition des végétaux. Ainsi, les matières végétales, celles animales, celles qui participent de ces deux natures, telles que les fumiers et même certaines substances minérales, comme la chaux, sont des engrais.

Quels sont les meilleurs engrais?

Les engrais les plus énergiques sont :
Les poissons secs pulvérisés et leur huile;
La viande des animaux, leurs os, leurs dépouilles;
Les excréments humains;
Les excréments d'animaux et surtout ceux des chevaux, les goëmons ou plantes marines;
Les plantes vertes enfouies, telles que l'herbe, le trèfle, etc.
La chaux éteinte, les coquillages pulvérisés, la cendre, le phosphate de chaux.

Ces engrais conviennent-ils à tous les terrains?

Non, chaque nature de terre et chaque espèce de récolte réclament des engrais différents. Ainsi, les terres argileuses, humides et froides, demandent, avant tout, à être divisées par les labours, par des sables calcaires, par des fumiers chauds et volumineux qui, en les ameublissant, y font pénétrer l'air et favorisent la décomposition des principes fécondants en réchauffant le sol. Le fumier de paille et de cheval leur convient particulièrement.

Les terrains secs, légers et chauds réclament au contraire des engrais frais, gras et qui retiennent l'humidité. Les goëmons leur conviennent plus que tous autres engrais, parce qu'ils y déposent un principe salin qui y entretient l'humidité dont ces terrains ont un extrême besoin. Le fumier de vache leur convient aussi.

Les sols granitiques, schisteux ou quartzeux qui ne contiennent pas de calcaire ou chaux, ne peuvent être mieux amendés que par la chaux, concurremment avec le fumier d'animaux qui produit alors plus d'effet, quoique employé en moindre quantité qu'il ne l'eût fait seul.

Enfin, la nature des plantes cultivées exige aussi plus particulièrement l'emploi de certains engrais pour donner des résultats avantageux. Ainsi, la luzerne ne réussit que sur des sols très-riches en chaux. Le trèfle aussi vient mieux. Enfin, le froment se trouve surtout bien de l'emploi des os pulvérisés ou du phosphate de chaux et du noir animal (*os carbonnisés*), ainsi que des coquilles et poissons de mer contenant en notable quantité le phosphate de chaux qui forme la base des os.

Convient-il d'enterrer beaucoup le fumier?

Non, si la terre est lourde ; oui, si elle est légère. Le fumier profondément enfoui dans un terrain compact se décompose difficilement et agit peu sur les récoltes ; aussi dure-t-il fort longtemps dans ces terrains.

Au contraire, si le fumier est peu enterré dans les sols sableux, il se décompose trop rapidement, la plus grande partie s'en évapore sans profit pour les cultures. En outre, les plantes céréales, c'est-à-dire les blés, poussent bien en herbe tant que l'engrais agit, mais elles forment difficilement leur grain parce que le fumier a perdu toute son action en s'évaporant trop vite et qu'il manque d'énergie précisément au moment où la plante a le plus besoin de son concours.

Il est donc opportun de peu enfouir les engrais dans les sols compacts, afin qu'ils se décomposent mieux et le plus prompte-ment; au contraire, il est rationnel d'enterrer beaucoup le fu-mier dans les terres légères, afin de retarder sa décomposition, de l'égaliser pour qu'elle agisse régulièrement sur toutes les périodes de la végétation.

Convient-il d'employer les fumiers nouveaux, ou vaut-il mieux les laisser vieillir ?

Cela dépend du but qu'on se propose d'atteindre. Si l'on fume en vue d'obtenir une seule récolte, on fera bien d'employer des fumiers un peu vieux, dont la décomposition soit assez avancée pour qu'ils forment une sorte de pâte; cependant, si le fumier était trop vieux, trop réduit à l'état de terreau, il pourrait faire vigoureusement pousser le blé en herbe et être nonobstant im-puissant à produire la bonne fructification du grain.

Au contraire, si l'on se propose avant tout de féconder le sol, mieux vaut lui appliquer le fumier le plus nouveau, dont la dé-composition, s'opérant lentement et régulièrement, profitera à la terre qui absorbera les gaz *(ou vapeurs plus ou moins nauséa-bondes qui s'échappent des tas de fumier)*, produits souteraine-ment, lesquels s'évaporent dans l'atmosphère, pour la plus grande partie, quand on ne recouvre pas bien le fumier. Or, ces gaz ou vapeurs sont la partie la plus utile et la plus éner-gique des fumiers; les plantes ne se nourrissent en définitive que de ces derniers, soit à l'état de vapeur, soit surtout lors-qu'ils sont dissouts dans l'eau.

En laissant les fumiers trop vieillir en tas mal couverts, on perd réellement une notable partie de leur efficacité ; après trois au quatre ans d'exposition à l'air, leur volume se réduit souvent des neuf dixièmes, le reste n'est plus que du terreau qui s'éva-porerait complètement lui-même, avec le temps, si on le lais-sait exposé à l'air. C'est donc presque toujours une mauvaise pratique pour un cultivateur que de laisser trop vieillir les fu-miers, puisqu'il perd ainsi une notable partie de l'engrais qu'il avait péniblement formé. Un bon cultivateur doit soigner ses fumiers, les mettre en tas aussi élevés que possible, recouverts de boue ou de terre pour absorber les vapeurs qui s'échappe-raient, et aussi les couvrir afin d'empêcher le soleil de faciliter le dégagement de ces vapeurs et la pluie d'en dissoudre une partie.

Est-ce une bonne pratique que de ramasser le jus du fumier ?

Oui, c'en est une excellente, car les plantes n'absorbant l'en-grais que par leurs racines et presque toujours qu'autant qu'il est dissout par l'eau, arroser la terre avec le jus de fumier, c'est fumer de la manière la plus expéditive, mais non de la plus du-rable. Effectivement, en vain accumulerait-on l'engrais dans un terrain parfaitement sec, ce terrain resterait stérile, parce que la chaleur seule est impuissante à opérer la décomposition des matières fermentescibles ; il lui faut le concours de l'humidité. Les engrais liquides sont donc précieux.

Un cultivateur intelligent ne peut rien faire de mieux que de réunir tous ses jus de fumier pour arroser ses prés chaque fois qu'il en coupe l'herbe, ou ses trèfles, sa luzerne et autres four-rages verts analogues. En les arrosant de jus de fumier, il sauve ses blés brûlés par la sécheresse, ou ceux qui ont été trop peu fumés. En procédant ainsi, il accroîtra la richesse de sa production et fera disparaître le dégoûtant spectacle que présentent les fermes entourées de cloaques insalubres. Les agronomes les plus intelligents ont de grandes fosses en maçonnerie pour recevoir les liquides provenant de leurs étables et de leurs tas de fumier. Ils arrosent ainsi des ray-grass ou des trèfles qui leur donnent cinq ou six bonnes coupes par an, au lieu de deux ou trois médiocres qu'ils auraient eues s'ils n'avaient point arrosé.

Le recueillage du jus de fumier équivaudrait en Bretagne à un quart ou même à un tiers de la valeur des fumiers, c'est-à-dire, que l'on pourrait engraisser beaucoup plus de terre qu'on ne le fait, ou mieux fumer et conséquemment obtenir plus de produits. La négligence, généralement apportée à cet égard, est d'autant moins excusable que presque partout on manque d'engrais.

Est-ce une bonne pratique que de mélanger les fumiers ?

Oui, à moins que l'on ait besoin d'un engrais spécial. Le mélange de fumiers de diverses natures présente l'avantage de contenir tous les principes utiles à la végétation ; le fumier le plus chaud favorise la décomposition de celui plus froid ou plus inerte qui, lui-même, tempère la trop grande activité du premier. Le fumier chaud entraîne la fermentation des pailles, des fougères, des landes ou du genêt employés en litière, ou qu'on ajoute au fumier pour en augmenter le volume.

C'est, par exemple, une très-bonne pratique que de mêler le *maërl* ou *scotil*, fraîchement dragué, avec des boues de chemin ou avec de mauvais fumier, parce que la chaleur produite par la fermentation des animaux contenus dans le maërl, désagrège le calcaire des coquilles et en accélère la décomposition. La boue ou la terre avec laquelle on recouvre les tas arrête les vapeurs qui s'échapperaient dans l'air et qui seraient perdues.

C'est encore une bonne pratique, quand on n'enterre pas le goëmon aussitôt après sa récolte, que de le mêler avec de la paille ou de la fougère qu'il convertit en un excellent fumier, dont l'action est plus durable que ne le serait celle du goëmon employé seul, laquelle ne dépasse guères une année dans les terres légères.

En quelle quantité doit-on employer le fumier?

Cela dépend de la nature de l'engrais et de la qualité du terrain. Moins le sol est bon, plus il est nécessaire de l'engraisser pour le féconder. Mais en supposant une bonne terre et de bon fumier, il convient généralement de mettre de 30 à 50 mètres cubes de fumier par hectare. Par mètre cube, il faut entendre ce volume pris dans un tas fait depuis quelques mois et tassé.

Quelle est la valeur relative du fumier et des autres engrais?

Il faut 237 kilogrammes de morue lavée, desséchée et pulvérisée pour représenter 10 mille kilogrammes ou 10 mètres cubes de fumier mélangé.

   306 kilog. de chair d'animaux séchée et pulvérisée.

   328 kilog. de sang desséché et pulvérisé.

   570 kilog. d'os privés de graisse, pulvérisés et séchés.

   754 kilog. d'os pulvérisés et desséchés.

1,450 kilog. de harengs ou petits poissons frais.

2,560 kilog. de poudrette ou vidange desséchée et pulvérisée.

2,850 kilog. de noir animal de raffinerie et noir animalisé.

   600 kilog. de phosphate de chaux fossile pulvérisé.

     2 récoltes de blé-noir en fleur, de seigle ou d'avoine enfouies en vert.

Quelle quantité de chaux convient-il de mettre sur les terres ?

La chaux vive s'emploie principalement sur les marais ou prairies marécageuses desséchées, afin de faire périr le jonc. On en peut mettre de 10 à 15 hectolitres par hectare.

Elle est fort bonne aussi dans les défrichements tourbeux où elle hâte la décomposition des nombreuses racines que contient cette espèce de terrain. Mais, si la chaux produit de bons effets, c'est à la condition qu'on n'en emploie pas trop, surtout à la fois. Mieux en vaut mettre un peu chaque année, afin que le mélange s'en fasse plus complètement; l'action de la chaux, plus lente, n'est alors point nuisible. Cette précaution est particulièrement nécessaire pour les terres ordinaires qui, sans cela, seraient comme brûlées.

Le maërl, ou scotil, composé de coquilles vivantes, s'emploie à raison de 10 à 15 mètres cubes par hectare. Il agit comme fumier par les animaux et par les goëmons qu'il contient, et, comme calcaire, par ses coquilles qui sont formées de 90 pour cent de chaux.

Le traëz, ou sable composé de coquilles mortes brisées, est particulièrement bon pour les terrains compacts et lourds qu'il divise en même temps qu'il y ajoute le calcaire qui leur manque. On l'emploie au même dosage que le maërl.

Pour que tous les calcaires produisent un bon effet, il faut qu'on les emploie avec du fumier qui, par sa chaleur, en favorise la décomposition.

Les engrais pulvérulents, tels que la poudrette, le noir animal, etc., peuvent-ils toujours remplacer le fumier ?

Ces engrais servent uniquement aux récoltes auxquelles ils sont appliqués, leur durée étant trop limitée pour que la terre se ressente sensiblement de leur action vive mais éphémère.

Aussi ne les emploie-t-on que comme suppléments aux fumiers d'animaux et pour éviter d'onéreux transports. Alors , ces engrais sont précieux à cause de leur peu de volume et de leur pesanteur restreinte qui permettent à une seule charrette de porter quarante à cinquante fois la valeur fécondante d'une charretée de fumier ordinaire.

La poudrette , ou excréments humains desséchés et pulvérisés, pure de mélanges, est un excellent engrais d'un emploi fort commode, particulièrement pour les cultures de choux , au pied de chacun desquels on en met une cuillerée.

Il en est de même du noir animal quand il est pur, ce qui arrive rarement, attendu qu'on le falsifie presque toujours en le mélangeant à quinze ou vingt fois son volume de tourbe. Le noir animal est un charbon d'os qui a servi à la clarification des sirops de sucre. Ce charbon est un puissant engrais dont l'énergie est augmentée par les matières qu'il a enlevées au sucre.

Le phosphate de chaux est le principe fécondant des os par excellence. Il est utile à la production du grain des blés. On en extrait aujourd'hui de plusieurs sols où on trouve des dépôts provenant probablement des dépouilles de certains animaux qui vont mourir au même lieu, comme le font les éléphants sauvages.

La cendre est-elle un bon engrais ?

Oui, elle convient à toutes les récoltes qu'elle stimule activement, mais on regretterait bientôt de l'avoir employée seule pendant plusieurs années, parce que ne pouvant donner à la terre tous les principes fécondants nécessaires à la nutrition des plantes, elle conduirait à l'épuisement du sol. D'ailleurs , on se procurerait difficilement assez de cendre pour remplacer les fumiers d'une exploitation.

Le moyen le plus économique qu'on ait de se procurer beaucoup de cendre, est d'écobuer le gazon, surtout quand il existe en outre de la bruyère, de la lande ou d'autres végétaux dont l'incinération augmente la quantité de cendre. Mais cette opération économique et rationnelle pour un défrichement, serait désastreuse si elle était répétée fréquemment, parce qu'elle diminuerait notablement l'épaisseur de la terre végétale.

L'écobuage coûte 20 francs par hectare.

L'écobuage est un bon moyen de défrichement, parce qu'au moyen de la cendre qu'il procure, on peut semer du trèfle propre à nourrir du bétail dont le fumier permet de continuer la culture du terrain. Il est particulièrement bon sur les sols marécageux couverts d'une végétation exhubérente qu'on détruit par ce moyen.

La vidange liquide est-elle préférable aux fumiers?

Comme les engrais pulvérulents, elle n'a qu'une courte durée, n'agit que sur une récolte, et améliore peu le sol. Sa pesanteur n'en permet l'emploi que dans un rayon circonscrit autour des villes où l'on recueille cet engrais. Elle convient particulièrement aux terres légères, et, mieux que tout autre engrais, à la fécondation des prairies dont elle double le produit.

Vaut-il mieux fumer largement tous les quatre ou cinq ans, que de le faire chaque année?

Dans les pays de grande culture, on fume fortement un champ pour quatre ou cinq ans, et l'on y met des récoltes différentes, en commençant par une de racines fourragères qui ne redoutent pas l'abondance d'engrais. On fait suivre celle-ci d'une récolte de céréales (froment), à laquelle succède une culture de fourrage vert suivi d'une récolte d'avoine.

Cette méthode n'est pas bonne, parce que si l'abondance d'engrais ne nuit pas aux racines semées avec, il s'évapore certainement une grande partie de cet engrais sans utilité pour la culture; c'est autant de perdu pour le cultivateur, ainsi que pour les récoltes suivantes qui sont maigrement fournies de principes fécondants dont les premières cultures étaient surabondamment pourvues.

Il est beaucoup plus rationnel du fumer chaque année un peu pour entretenir la terre dans un état régulier de fertilité sur lequel on puisse compter, et qu'on modifie selon les récoltes qu'on lui demande.

Les plantes peuvent-elles servir d'engrais ?

Oui, elles en font un des meilleurs et des plus économiques. Tous les cultivateurs savent fort bien que, lorsqu'ils retournent un gazon, ils fertilisent le sol; ils savent aussi qu'en enfouissant une récolte de vieux trèfle, ils obtiennent une bonne récolte de froment sans addition d'aucun engrais. Eh bien ! ne doivent-ils pas comprendre que, plus l'herbage ou le feuillage sera volumineux, mieux ils fertiliseront leurs terres? Ne sont-ils pas amenés à semer des plantes dans le seul but de les enfouir? C'est ce qui a donné l'idée de semer du blé-noir, des pois, des fèves, de l'avoine et autres plantes vertes pour les enterrer par des labours lors de leur floraison, en qualité d'engrais; c'est ce que font les bons agronomes aujourd'hui, et ce que faisaient les anciens romains, il y a deux mille ans, parce que les plantes vertes à feuillage volumineux, vivant principalement des principes de l'air, épuisent peu le sol jusqu'au moment où la graine se forme, et qu'elles apportent à la terre plus qu'elles ne lui ont pris.

Cette manière de fertiliser le sol peut être renouvelée deux fois de suite dans la même saison, en semant du blé-noir aussitôt après les gelées, en avril; on l'enterre en juin, pour semer immédiatement d'autre blé-noir, qu'on enfouit également fin d'août. Le blé qu'on mettra ensuite viendra bien. On n'aura dépensé que 100 kilogrammes de blé-noir d'une valeur d'une douzaine de francs pour engraisser un hectare de terre, ce qui eût coûté huit à dix fois davantage par tout autre moyen, et l'on supplée à l'engrais qu'on ne pourrait se procurer.

On trouve encore un notable avantage à enfouir des plantes vertes, c'est que la terre reste plus propre que si on l'engraissait avec du fumier qui contient beaucoup de graines d'herbes. Dans l'emploi de ce dernier on favorise la végétation de plantes inutiles et conséquemment nuisibles, qui absorbent une partie du fumier, et qu'il faut arracher à prix d'argent pour qu'elles ne nuisent pas aux végétaux utiles qu'on cultive.

Sur les défrichements et sur les terrains maigres qu'on veut exploiter quoiqu'on soit à court d'engrais, on ne peut donc rien faire de mieux que de semer des végétaux destinés à être enfouis. Il répugne à beaucoup de cultivateurs d'enterrer des plantes qui, un mois plus tard, donneraient leur grain, mais ils devraient considérer que cette maigre récolte de grain qu'ils obtiendraient ainsi, ne paierait pas la main-d'œuvre nécessaire pour la recueillir, qu'elle achèverait d'épuiser le sol au lieu de l'améliorer, comme on le désire, et, enfin, que c'est le moyen le plus économique d'amender un sol et de le nettoyer. Ce devrait être le seul repos des terres fatiguées et salies, quand on manque de fumier.

Sur les côtes de l'Océan, la plus remarquable fertilité est obtenue de l'emploi des plantes marines nommées *goëmons* ou *varecks*, qui sont les plus riches des végétaux sous le rapport de la quantité des principes fertilisants. Mais la difficulté des transports n'en permet l'emploi que sur une bande du littoral de quelques lieues de largeur, quoique desséché il perde beaucoup de son poids.

Existe-il d'autres moyens de suppléer à l'insuffisance des engrais ?

Oui, on y parvient indirectement en modifiant les cultures de manière à éloigner le retour des plantes épuisantes. Effectivement, puisque le besoin d'engrais est proportionnel à la consommation qu'en font les cultures, il est rationnel de dire qu'il en faudra d'autant plus qu'on cultivera davantage de végétaux épuisants et surtout de nature analogue, et réciproquement, qu'en alternant les cultures épuisantes avec celles qui le sont moins, qu'en les entremêlant davantage, on fatiguera moins la terre. En cultivant six années de suite des céréales (*blés*), on est contraint de laisser la terre se reposer pendant six autres années. C'est ce qu'on appelle laisser le sol sous jachère.

On obtiendrait un meilleur résultat en ne cultivant de blés que tous les deux ans sur les mêmes champs, sans repos, ce qui donnerait toujours six récoltes de blés en douze ans, récoltes meilleures, parce que le sol serait moins épuisé et plus propre. En outre, on aurait en plus six récoltes de fourrages.

Les Belges, les Hollandais et surtout les Anglais, se sont demandés si, au lieu de diviser leur exploitation en deux parties, dont l'une s'épuise en produisant, pendant que l'autre se repose stérilement, il ne vaudrait pas mieux intercaler des récoltes de fourrages peu épuisants, entre celles de céréales, ce qui aurait l'avantage de donner toujours le même nombre de récoltes de blés et autant de récoltes de fourrages en remplacement du maigre pâturage des terres en repos. L'expérience ayant justifié ce raisonnement, ils l'appliquent depuis un siècle en augmentant considérablement leur richesse agricole et en procurant bien-être et richesse aux cultivateurs intelligents qui ont adopté cette pratique judicieuse.

Cela est aisé à comprendre, car, en même temps que cette large culture fourragère permet de nourrir un nombreux bétail, on obtient beaucoup de fumier au moyen duquel on engraisse abondamment les cultures de blés et celles de fourrages, en sorte que, non-seulement la terre est moins fatiguée par l'alternation des récoltes, mais qu'elle est encore améliorée par la quantité plus considérable de fumier qu'on y applique, c'est-à-dire qu'elle est doublement améliorée. Les blés produisent donc plus sous ce régime, parce que la terre est plus propre et mieux fumée.

Cette culture alterne est aujourd'hui adoptée par tous les bons cultivateurs, et l'on voit que même parmi les praticiens du vieux système, les plus plus aisés sont ceux qui cultivent le plus de plantes fourragères, telles que la betterave, le panais, le choux, le navet, etc.

Quel est le résultat politique des deux systèmes ?

C'est qu'en France, dans le vieux système de culture, la moitié des terres est cultivée et l'autre moitié en jachère ou repos. A peine y a-t-il un sixième sous prairies ou plantes fourragères.

Dans le système alterne, les deux tiers des terres sont généralement en blés et l'autre tiers en plantes fourragères destinées à alimenter un nombreux bétail et à produire d'excellent fumier.

Le résultat est qu'avec beaucoup moins de bras et de terre, l'Angleterre produit plus que la France, puisque le cultivateur Anglais récolte 725 francs, alors que le Français ne recueille que 215 francs.

Que l'Angleterre nourrit beaucoup plus de bétail et consomme beaucoup plus de viande que la France, proportionnellement à la population des deux pays. En effet, l'Angleterre, nation plus petite et moins peuplée, a 16 millions de bœufs et de vaches et 60 millions de moutons, tandis que la France n'a que 10 millions de la première espèce et 32 millions de la seconde, en sorte que chaque Anglais a presqu'un bœuf et deux moutons, et que quatre Français n'ont qu'un bœuf et chaque habitant un mouton. Cependant, l'Angleterre n'a que 9 millions d'hectares en culture, et la France 15 millions ! Mais la première possède 11 millions d'hectares en prairies et nous seulement 5 millions.

Voilà le secret de la différence de richesse des deux nations et la critique la plus amère du mode de culture généralement suivi en France, et notamment en Bretagne, où l'on ne rencontre de bonne agriculture que sur le littoral où l'abondance des engrais marins permet toujours d'obtenir d'excellentes récoltes quelle que soit la nature des terres et la manière de les travailler.

Quelles plantes doit-on cultiver pour obtenir le meilleur résultat possible ?

Du moment qu'on arrive à comprendre l'utilité de varier les récoltes pour ne pas épuiser le sol, on doit se préoccuper de choisir celles qui peuvent donner le meilleur résultat. Ainsi, dans les environs des villes, rien n'est plus profitable que de nourrir des vaches, parce que le lait et le beurre s'y vendent fort cher et forment le meilleur des débouchés pour les fourrages. Au contraire, quand on en est éloigné, l'élève et l'engraissement du bétail sont deux industries à pratiquer avec avantage. Enfin, quand on est voisin de manufactures de toiles, d'alcools, etc., on peut développer largement la production du lin, du chanvre, de la betterave, etc., en ayant soin de maintenir un certain équilibre entre les cultures : celles destinées à être consommées comme fourrages, et les céréales, en sorte que la production du fumier reste toujours proportionnée aux besoins qu'on en éprouve.

A la rigueur, on pourrait alterner annuellement et continuellement le froment et les fourrages, mais comme le retour trop fréquent des mêmes produits finit par fatiguer la terre, quelle que soit la quantité d'engrais qu'on y mette, et que, d'ailleurs, on a besoin aussi d'autres céréales, telles que l'avoine, le seigle, l'orge ou le blé-noir, qui forment, presque partout, le fond de la nourriture des campagnards, on ne fait revenir le froment que tous les trois, quatre ou cinq ans dans les mêmes champs. Ainsi, par exemple, si l'on sème du trèfle et du froment ensemble, dans le même champ, et qu'on jouisse du trèfle pendant les trois années suivantes, après lesquelles on enfouira ce trèfle en semant du froment, on aura ce qu'on appelle un assolement quadriennal ou de quatre ans. Alors, on divisera son exploitation en quatre parties égales, puis l'on calculera ses semailles de manière à ce que chaque nature de récolte, et que chaque variété de plantes ne reparaisse dans chacune des divisions que tous les quatre ans, à peu près, comme dans l'exemple suivant :

1re Année.
- 1re *division*. Froment sur trèfle enfoui, sans fumier.
- 2me *id*. Betteraves, ou panais, ou carottes, ou choux, bien fumés.
- 3me *id*. Avoine avec trèfle, sans fumier.
- 4me *id*. Blé-noir avec navets, bien fumés.

2me Année.
- 1re *division*. Betteraves ou panais, etc., bien fumés, en place du froment
- 2me *id*. Froment sans fumier, en place des betteraves.
- 3me *id*. Trèfle, sans fumier, en place de l'avoine.
- 4me *id*. Blé-noir et avoine, bien fumés, en place des navets.

3me Année.
- 1re *division*. Avoine et blé-noir, sans fumier, en place des betteraves.
- 2me *id*. Betteraves, panais, etc., bien fumés, en place du froment.
- 3me *id*. Trèfle, sans fumier, continuation de trèfle.
- 4me *id*. Froment, sans fumier, en place du blé-noir.

4me Année.
- 1re *division*. Betteraves, carottes, etc., bien fumés, en place de l'avoine, etc.
- 2me *id*. Avoine et trèfle, sans fumier, après betteraves.
- 3me *id*. Froment, sans fumier, après trèfle.
- 4me *id*. Blé-noir et navets, bien fumés, après froment.

Dans cette combinaison, si quelquefois des blés se rapprochent du froment, ce sont les moins épuisants et ils sont toujours bien fumés. La moitié des terres est sous blé et l'autre moitié sous fourrages, ce qui assure une abondante production de fumier.

Si l'on compare cet assolement à celui en usage dans le vieux système de culture pour douze années, on trouve pour 24 hectares qu'on aura eu :

12 récoltes de froment de 4 hectares, soit 48 hectares froment;

12 *d°* d'avoine de 4 hectares, soit 48 *d°* avoine;

12 *d°* blé-noir de 4 hectares, soit 48 *d°* blé-noir;

12 années de pâturage de 12 hectares, soit 144 hectares pâturage.

Ces récoltes, faute de fumier en quantité suffisante, sont presque toujours maigres.

Avec le nouveau système de culture, on a :
12 récoltes de froment de 6 hectares, soit 72 hectares froment;
12   *d°*   d'avoine, etc., 6   *d°*   soit 72   *d°*   avoine;
24   *d°*   de plantes fourragères,   soit 144   *d°*   fourrages.

Les deux systèmes présentent la même surface sous céréales, mais les résultats sont bien différents. Dans le vieux système, on n'a que la paille échappée à la nourriture pour faire de la litière; le pâturage reçoit presqu'en pure perte la moitié des déjections des animaux, et comme le bétail est peu nombreux, on produit peu de fumier et l'on recueille peu de céréales, en même temps que le bétail rapporte peu.

Dans le système alterne, on a la même quantité de paille pour nourriture et pour litière, et, de plus, 144 hectares de betteraves, panais, carottes, trèfle, navets, choux, pour compléter la nourriture abondante d'un bétail trois fois plus nombreux, dont les déjections étant toutes recueillies permettent de fumer largement les terres qui s'améliorent rapidement sous l'influence de ce régime, et produisent des récoltes bien plus abondantes, sans dépenses ni travail, autres que ceux habituels; à cette position prospère, il faut encore ajouter le bénéfice considérable que donne le bétail.

Ainsi, d'une part, la terre acquiert beaucoup plus de valeur et peut rendre un prix de ferme plus élevé;

Et, d'autre part, les céréales produisent plus d'argent, ainsi que le bétail.

C'est ce qui explique comment l'Anglais perçoit 725 francs avec moins de travail, alors que le Français ne recueille que 215 francs; comment le premier vit dans l'aisance, tandis que le second végète au milieu des privations; comment, enfin, l'un peut payer un loyer de 160 fr. l'hectare quand l'autre paie difficilement 30 à 40 fr. de fermage pour la même étendue de terre.

La manière de semer est-elle indifférente?

Non, car, outre que la terre doit être bien labourée et largement engraissée, il est nécessaire aussi que la semence soit placée dans des conditions qui lui permettent de se développer convenablement. Si la graine est trop enterrée, elle ne germe pas ou le fait tardivement et mal. Si elle est trop peu couverte, elle est exposée aux déprédations des oiseaux, des souris, des insectes; elle germe mal, souffre dans sa végétation, languit et produit peu.

En outre, si la semence est trop clair semée, on perd du terrain; si les graines sont trop rapprochées, les plantes se nuisent réciproquement, ne trouvent plus assez de nourriture, végètent mal, restent languissantes et produisent peu.

Il y a donc un juste milieu à conserver pour arriver à un succès désirable, il ne faut semer ni trop serré ni trop clair. Généralement, on sème trop serré, ce qui a l'inconvénient d'augmenter la dépense et de diminuer le produit de la récolte, parce que les plants trop rapprochés ne tallent pas, c'est-à-dire ne s'étalent pas en formant beaucoup de tiges sur le même pied, comme ils le font quand ils sont distancés convenablement, ainsi que cela a lieu pour les plants qui poussent isolément.

L'expérience suivante démontre que le produit n'est pas proportionnel à la quantité de grains semés dans les mêmes conditions :

1 hectolitre d'orge semé sur un terrain, a produit 9 1/4 hectol.
1 1/2 *id.* sur une surface égale, *id.* 15 *id.*
2 *id.* . . . . *id.* . . . . *id.* 19 *id.*
2 1/2 *id.* . . . . *id.* . . . . *id.* 20 1/4 *id.*
3 *id.* . . . . *id.* . . . . *id.* 19 *id.*
3 1/2 *id.* . . . . *id.* . . . . *id.* 13 *id.*
4 *id.* . . . . *id.* . . . . *id.* 10 1/4 *id.*
4 1/2 *id.* . . . . *id.* . . . . *id.* 8 *id.*
5 *id.* . . . . *id.* . . . . *id.* 6 *id.*

Une autre expérience présente des résultats analogues quant à l'effet de l'époque des semailles :

1 hectolitre d'orge semé en février a rapporté 12 1/2 hectolit.
1   *id.*   . . . . . . en mars. . . . . . 11 1/2   *id.*
1   *id.*   . . . . . . en avril. . . . . . 8 1/2   *id.*
1   *id.*   . . . . . . en mai. 6   *id.*
1   *id.*   . . . . . . en juin. . . . . . . 3 1/2   *id.*

Ce tableau démontre clairement que les semailles les plus précoces sont généralement les plus productives, surtout celles printanières. Cela s'explique par cette considération que la graine semée dans une terre desséchée par le soleil ne peut prospérer aussi bien que celle mise dans un sol humide encore des pluies d'hiver.

Les semailles d'automne précoces sont aussi les meilleures, parce que le plant peut développer rapidement ses racines avant l'hiver, en sorte que celles-ci ne souffrent pas de la gelée, et qu'elles alimentent assez largement le plant pour qu'il fournisse un grand nombre de tiges sur le même pied. Aussi, doit-on semer plus clair quand on le fait de bonne heure que lorsqu'on est en retard.

Si le blé semé de bonne heure végète trop activement pendant l'hiver et qu'on craigne de le voir verser plus tard, on le fauche en janvier ou en février, ou bien on le fait pâturer par des animaux légers, tels que le mouton, les jeunes veaux, qui, en le tondant, le fument de nouveau.

Enfin, si la terre est bonne, propre et bien préparée, on devra mettre moins de semence que si elle est mauvaise.

Ces considérations ont porté à planter le blé à la main, comme on le fait pour les pois, les fèves, les haricots, etc., afin que chaque grain soit, non-seulement éloigné des autres de dix centimètres en tous sens, mais encore qu'enfoui convenablement il végète dans les meilleures conditions possibles ; que le plant s'étale sur le sol de manière à former jusqu'à trente à quarante tiges portant de beaux épis, chargés de grains bien nourris. L'expérience a pleinement confirmé ces prévisions, le produit est plus considérable que celui des blés semés à la volée, et comme à ce profit s'ajoute l'économie de la semence (qui n'est que d'une vingtaine de kilogrammes de blé pour un hectare, au lieu de 140 à 170 kilogrammes qu'on emploie à la volée), on trouve un notable avantage à employer cette méthode malgré la plus grande dépense de main-d'œuvre qu'exige cette plantation. Mais pour que ce travail se fasse bien, il est nécessaire que la terre soit aussi bien ameublie que celle d'un jardin où l'on veut semer des pois.

En Angleterre, beaucoup de grands propriétaires plantent le blé à la main, parce qu'outre l'avantage d'occuper beaucoup de femmes et d'enfants pauvres, ils obtiennent une ample compensation dans le rendement plus considérable et dans la qualité du grain. Si l'on en faisait autant en France, on emploierait une multitude de malheureux, et l'économie qu'on ferait sur la semence comblerait le déficit moyen donné par la production pour suffire à la consommation. On ne serait plus exposé à payer quelquefois le pain un prix double de ce qu'il est ordinairement, et de porter à l'étranger des centaines de millions pour acheter ce qui nous manque parfois.

Les fourrages demandent-ils aussi à être semés à distances régulières ?

Oui, les betteraves, les panais, les carottes, etc., semés trop serrés à la volée sont petits, chétifs et difficiles à sarcler. Semées en lignes comme la pomme de terre, ces racines réussissent beaucoup mieux, acquièrent un volume et un poids plus considérables, on obtient une plus forte récolte sur une même surface de terre. L'arrachage et le transport ainsi que l'arrimage en silos sont aussi plus aisés. Mais le principal avantage de cette pratique est l'économie considérable qu'on fait sur le sarclage entre les lignes, soit avec une mare ou houe, soit avec une houe traînée par un cheval, moyens bien plus expéditifs que l'arrachage des mauvaises herbes à la main.

En outre, le sarclage fait avec un instrument ameublit la terre entre les lignes, favorise l'absorption des pluies et la végétation des plants. Dans les grandes exploitations, le sarclage se fait toujours avec la *houe à cheval*, instrument qui a quelqu'analogie avec une herse ayant une seule rangée de dents qui, au lieu d'être fixes, ont la forme de petits socs qu'on peut rapprocher ou éloigner à volonté. Si les lignes ont été tracées bien parallèles, l'instrument bien réglé, étant traîné par un cheval, laboure entre les lignes à cinq ou six centimètres de profondeur, et extirpe toutes les mauvaises herbes. La main de l'homme n'a plus à arracher que les herbes poussant entre les plants. Cela réduit des cinq sixièmes la dépense du sarclage, dépense qui, jointe au temps considérable qu'exige ce travail, est un obstacle à l'extension de la culture des racines fourragères.

Pour semer en lignes, le moyen le plus simple est de prendre un morceau de bois d'environ un mètre cinquante centimètres de longueur, par exemple, dans lequel on plante des chevilles espacées de 30 centimètres les unes des autres. Deux tringles clouées aux extrémités de cette sorte de râteau, se réunissent en formant un triangle dont le sommet, ou pointe, sert de manche. Un homme.traîne cet instrument par la poignée, ou extrémité du triangle, et trace ainsi plusieurs raies à la fois, dont on augmente la profondeur à volonté en chargeant l'instrument avec des pierres. Les lignes étant ainsi tracées parallèlement, on y sème à la main une graine tous les cinq centimètres, si l'on peut ; puis, en retournant l'instrument sur le dos et le traînant légèrement sur les lignes, on recouvre les graines. Si le temps est sec et la terre poudreuse, on fera bien de passer dessus un rouleau lourd pour serrer la terre sur les graines et faciliter leur germination en les empêchant de se dessécher aussi.

Il est probable qu'on aura laisser tomber plus de grains qu'il n'est nécessaire, on sera donc obligé d'arracher les plants trop rapprochés; ils seront repiqués là où il en manquerait. Aucun cultivateur n'est empêché de faire lui-même un tel instrument qui lui épargnera des sarclages longs et coûteux, tout en lui assurant d'excellents produits.

On commence à employer fréquemment des *semoirs-brouettes* coûtant 30 francs seulement. En réglant convenablement cet instrument on peut semer régulièrement le blé, la betterave, le panais, la carotte, le navet, et le faire très-vite, mais il faut préalablement ouvrir les lignes avec un rayonneur tel que celui mentionné ci-dessus.

Enfin, il existe des semoirs semant jusqu'à douze lignes à la fois, mais l'élévation de leur prix les restreint aux grandes exploitations rurales.

Quelles sont les meilleures époques pour faire les semailles?

Cela dépend d'abord de la climature habituelle de la contrée, et ensuite de la nature et de l'exposition des terres. Généralement il est avantageux d'être précoce; à l'automne, parce que la terre étant encore chaude favorise la germination des semences qui redoutent moins les attaques des oiseaux et autres destructeurs, et aussi parce que les racines se développant rapidement permettent au blé de taller, c'est-à-dire de s'étendre sur le sol et de former de nombreux pieds s'il n'est pas trop serré. Si la végétation a été trop active, on fait pâturer ou l'on coupe au printemps.

Les semailles précoces permettent aux plantes de former leurs racines avant l'arrivée des sécheresses du printemps et d'accomplir leur végétation dans de bonnes conditions. Pourvu que l'époque des gelées soit passée, on peut semer la plupart des plantes fourragères ou légumineuses.

Dans la France centrale et en Bretagne, l'époque la plus convenable pour semer le blé est le mois d'octobre et la moitié de novembre, mais on doit moins consulter l'époque que la température régnante. Si le temps est beau, on a raison d'en profiter quand la terre n'est ni trop sèche, ni trop humide, car, si elle était trop sèche, elle ne ferait germer la semence que très-lentement, en sorte qu'elle souffrirait des ravages des animaux déprédateurs; si elle est trop mouillée et froide, la terre fait pousser le blé lentement et le rend sujet à contracter la maladie de la rouille et à se charbonner.

N'y a-t-il rien à faire au blé en attendant la récolte.

Puisqu'il est reconnu que l'espacement convenable des plants de blé est une condition de leur réussite, il s'en suit que le sol doit être purgé des mauvaises herbes parasites qui absorberaient une partie de l'engrais destiné au blé; delà, nécessité de sarcler soigneusement.

Ensuite, les gelées et les pluies déchaussent le pied du blé qui souffre et jaunit aux premières sécheresses du printemps. Une excellente pratique consiste à ratisser la terre, à en briser les mottes par un temps sec pour rechausser le pied, ou si la terre est bien sèche de passer dessus un rouleau pesant qui la comprime et l'empêche de se dessécher davantage. Mais si l'on peut se servir d'un râteau pour un petit champ, ce moyen serait insuffisant dans une grande exploitation et en même temps fort coûteux; aussi dans ce cas se sert-on de la herse qui arrache du blé, mais pas en quantité correspondante à l'avantage qui résulte pour le reste de cette opération. Le meilleur de tous les moyens, surtout pour les terres légères, consiste à prendre une grande porte de grange et à la faire traîner à plat sur les blés par un cheval, en la chargeant de pierres en raison de la lourdeur de laterre et de la dureté des mottes. Cela ratisse admirablement le sol et l'égalise en le tassant et en brisant les mottes; le blé se trouve couvert au point qu'on ne l'aperçoit presque plus, mais huit jours après il se relève plus vigoureux que jamais et pousse activement. C'est une sorte de buttage équivalent à celui qui réussit si bien pour les pommes de terre.

Y a-t-il utilité à changer les semences ?

Oui, parce que presque toujours elles dégénèrent quand elles sont trop longtemps perpétuées dans le même sol qui modifie leur nature, particulièrement lorsqu'il est maigre et impuissant à faire végéter le plant dans de bonnes conditions. Il est utile de rechercher les semences provenant de pays où la terre est de nature différente, plus féconde, et où le climat plus chaud est plus favorable au complet développement du végétal.

La pomme de terre qui demande un terrain sableux, cesse promptement d'être farineuse, et devient pâteuse et âcre dès qu'on la cultive pendant plusieurs années dans des sols argileux et compacts.

Tous les végétaux servant à l'alimentation, sont dans le même cas, ils ont besoin d'être renouvellés de temps en temps par les semences. Ensuite, il est des variétés beaucoup plus profitables que d'autres, surtout dans de certaines conditions de sol et de climature. Les Anglais, qui sont très-soigneux, se sont ainsi procuré des espèces plus belles ou plus productives que les nôtres. Il serait bon d'introduire chez nous leur froment qui rapporte un quart de plus que le nôtre, et autres végétaux supérieurs.

Existe-t-il plusieurs manières de récolter ?

La récolte est la plus lente et la plus pénible des opérations agricoles, en même temps qu'elle en est la plus chère. Il est donc avantageux d'en accélérer le moment en semant une partie des terres de bonne heure pour obtenir la maturité quinze jours ou trois semaines plus tôt, et de ne pas avoir tout mûr à la fois, puisqu'à cette époque, les bras manquent, et que ceux qu'on peut se procurer sont à haut prix.

Il serait rationnel aussi de recourir aux moyens de récolter plus vite avec peu de monde, ce à quoi on arrive en employant des instruments qui substituent le travail des animaux à celui de l'homme, et l'accélèrent beaucoup.

Le coupage ou abattage des blés se fait de plusieurs manières. Dans une grande partie de la France, on les coupe ou plutôt on les scie avec une faucille cannelée sur une de ses faces, ce qui donne au taillant l'apparence et les qualités d'une scie avec laquelle on coupe le blé à la poignée.

Dans une autre partie, on coupe également à la poignée, mais avec une petite faucille ordinaire dont le taillant est bien plus facile à battre et à aiguiser que ne le sont les faucilles-scies. Ces deux moyens présentent l'inconvénient d'égrainer beaucoup le blé par les secousses réitérées que lui imprime la main pour former la poignée, puis enfin de ne pas aller vite.

Dans quelques communes du Finistère, on *stroppe* les blés, c'est-à-dire, qu'on les coupe en les frappant à la base à grands coups, avec une faucille lourde, pendant que la main gauche ramène le blé coupé sur la cuisse gauche, jusqu'à ce qu'une gerbe soit réunie. Par cette méthode, l'ouvrier fait autant d'ouvrage que cinq ou six faucilleurs coupant à la poignée et le blé s'égraine moins.

Dans nos départements du Nord, on moissonne au moyen de la *sape*, petite faulx ayant un manche court qu'on manœuvre d'une main comme la faucille. La main gauche tient un bâton terminé par un crochet au moyen duquel le moissonneur ramasse en gerbe le blé coupé, comme le fait le stroppeur. C'est exactement le même travail que le stroppage, si ce n'est qu'il s'exécute debout, tandis que le stroppeur est courbé et fatigue davantage, d'où il résulte qu'allant aussi vite, il fait à la longue moins d'ouvrage que le sapeur.

Dans d'autres départements, on fauche les blés, particulièrement ceux légers, tels que l'avoine, le seigle, le blé-noir. Ce travail est très-expéditif, mais une femme ou un enfant doit suivre le faucheur pour rajuster les brins qui se sont brouillés en tombant, et puis la faulx doit être garnie d'un râtelier propre à coucher le blé à mesure qu'il tombe sous la faulx. Pour que le fauchage s'exécute bien, il est indispensable que le blé soit exempt de mauvaises herbes qui gêneraient la faulx et brouilleraient les tiges de blé, et qu'il soit fait de manière à ce que le vent aide le blé à se coucher sous la faulx.

Enfin, on emploie aujourd'hui des espèces de charriots nommés *moissonneuses,* qui fauchent le blé avec une rapidité incroyable ; un hectare est abattu en quelques heures seulement. Mais cet instrument coûte trop cher pour convenir à d'autres qu'aux grandes exploitations ou qu'aux associations de cultivateurs qui s'entendraient pour en acheter une dont ils se serviraient tour-à-tour.

Doit-on couper le blé raz-terre ?

Dans les environs de Rennes, on enlève l'épi avec seulement un tiers de la paille, et on laisse le reste pour être enterré par les labours. C'est évidemment une mauvaise méthode, parce que la paille est peu fertilisante par elle-même, et n'acquiert réellement de valeur comme engrais qu'après qu'elle a été mangée par le bétail, ou qu'ayant servi de litière, elle est imprégnée d'excréments qui la font fermenter.

Dans la Vendée, on laisse la moitié de la paille sur pied pour l'y brûler sur place. C'est encore une mauvaise pratique, parce que la cendre recueillie est loin d'équivaloir au fumier que la paille eut pu faire. En brûlant, on perd tous les principes combustibles qui étaient des engrais, pour ne plus conserver que la cendre. C'est changer une pièce de deux sous contre un centime, plus léger, moins volumineux, mais avec lequel on se procure moins de choses.

Soit qu'on fasse manger la paille, soit qu'elle forme litière, il y a profit à la couper le plus près possible du sol, pour en avoir davantage, et la rapporter sur celui-ci décuplée de v leur fertilisante.

Doit-on laisser les blés mûrir complètement sur pied ?

Non, il vaut mieux couper le froment avant sa maturité, dès que le lait du grain s'épaissit pour se convertir en farine. Le grain, encore adhérent à sa balle, ne risque pas de tomber pendant le coupage ; il a une plus belle couleur, est plus recherché et se vend plus cher. Deux ou trois jours d'exposition au soleil suffisent pour compléter la maturité. Les froments sans barbes qui s'égrainent très-facilement, exigent surtout d'être coupés de bonne heure, parce que s'ils mûrissent sur pied, on éprouve un déchet considérable par le bottelage, le mulonnage et le transport.

L'avoine réclame un plus long séjour à terre et au soleil pour sortir de sa balle épaisse et bien close.

Une précaution utile qu'on néglige trop en Bretagne, serait de botteler rapidement les blés dès qu'ils sont assez secs, puis de les mettre en grands mulons, ou meules, où ils restent parfaitement à l'abri en attendant le moment du battage.

Quels sont les moyens de battre le blé ?

Dans le midi de la France, en Italie, en Espagne et autres pays chauds où l'homme redoute tout travail pénible, l'extraction du grain se fait au moyen de chevaux qu'on fait courir sur une couche de blé étendue sur l'aire. Le soleil ardent de ces contrées permet de laver ensuite le grain sali par ce traitement, et de le sécher promptement, en sorte que la farine en est beaucoup plus belle que celle de nos pays septentrionaux et brumeux, à température variable, où nous pourrions rarement sécher spontanément le grain lavé.

Dans les régions septentrionales, le battage des blés s'effectue au fléau, opération pénible, lente, qu'on fait en grange pendant l'hiver, dans les contrées de grande culture, et sur des aires extérieures, au soleil, aussitôt après la récolte, là où se trouve la petite culture à laquelle les granges font défaut. Par ce moyen, l'hectolitre de blé coûte à battre de 1 fr. 25 à 1 fr. 50; le grain sale et terreux est fort difficile à nettoyer, malgré l'emploi des moyens énergiques que possèdent les minoteries.

Aujourd'hui on fait des machines à battre dont l'usage se généralise. Elles ne présentent pas beaucoup d'économie sur le battage au fléau, mais elles permettent de battre rapidement, et par tous temps, sans le concours d'ouvriers étrangers à l'exploitation, ouvriers d'autant plus difficiles à trouver en ce moment, que tout le monde en a besoin en même temps.

Malheureusement, les machines à battre les plus simples, mues par deux chevaux, coûtent encore de huit cents à douze cents francs, et celles à vapeur quatre mille francs. Mais ce que ne peut faire un cultivateur seul, plusieurs le feraient en se réunissant pour acheter une machine en commun, dont ils se serviraient chacun à son tour. Déjà plusieurs personnes s'en sont procurées, qu'elles utilisent doublement, en battant leur blé, puis en battant ensuite celui de leurs voisins à raison d'un prix convenu par hectolitre ou par journée. Ainsi, un individu ayant acheté une machine à vapeur à battre, pour quatre mille francs, a battu sa récolte, puis 7,000 hectolitres pour ses voisins, à 1 franc l'un, en sorte que sa machine s'est trouvée payée dès la première année, et qu'il lui est resté un beau bénéfice, après sa récolte faite et battue.

L'avantage des machines à battre ne se trouve pas seulement

dans la promptitude du travail et dans sa moindre dépense, mais encore dans la plus grande valeur du grain qui est plus propre et d'une plus belle couleur que ne l'a celui battu sur les aires. En outre, le cultivateur se fatigue moins, n'est pas exposé aux maladies qui résultent de l'excès de travail qu'occasionne la récolte. Il a plus de temps pour préparer ses terres, charroyer ses fumiers, pendant que les chemins sont beaux et les jours longs, pour semer de bonne heure ses blés d'hiver.

Quelle est la meilleure manière de conserver les grains battus ?

C'est de les renfermer dans un endroit inaccessible à l'air et à l'humidité. Dans les pays chauds, on fait une fosse profonde dans un terrain sec, on y jette le blé avec sa balle, puis on ferme l'orifice de la fosse avec de la paille, sur laquelle on met de la terre bien battue en talus. C'est ce qu'on appelle un *silo*.

Dans nos climats plus humides, on doit revêtir intérieurement ces fosses avec de la maçonnerie pour empêcher le contact du blé avec la terre humide.

Pour la conservation sur une petite échelle, rien n'est meilleur que de grands coffres ou huches bien fermés et doublés intérieurement en zinc, avec les bords garnis en drap, pour intercepter l'entrée de l'humidité et de l'air. Une fois bien fermés, ces coffres conserveront le blé aussi longtemps qu'on le voudra dans l'état où il y aura été mis. De plus, les charançons qui y existeraient y périront asphyxiés. Bien que le blé ou la farine ne soient pas parfaitement secs, ils se conserveront néanmoins fort bien pendant plusieurs années, pourvu qu'on n'ouvre pas les coffres.

Ces coffres sont indispensables aux cultivateurs pour conserver leurs récoltes quand le prix est trop bas pour rémunérer convenablement leur travail. Cette conservation ne leur coûte que l'intérêt de la valeur de leurs blés, intérêt qu'ils ont bientôt retrouvé quand, les années suivantes, le prix du blé s'accroît d'un quart, d'un tiers, s'il ne double même pas.

Ce système de conservation est judicieux dans l'intérêt des cultivateurs comme dans celui du pays tout entier, car, si au lieu de conserver le blé quand il est à bas prix, on l'exporte à l'étranger, le cultivateur perd à vendre à trop bon marché. De son côté, le pays perd à cette exportation puisqu'il sera contraint peu de temps après cette sortie irrationnelle de racheter très-cher ce qui lui manquera les années suivantes, l'observation ayant révélé qu'on n'a guères qu'une grande récolte tous les six ans, suivie de deux ou trois années faibles. C'est donc une perte irréparable pour le pays que de porter ses capitaux à l'étranger pour acheter cher ce qu'il a vendu à vil prix, peu auparavant. En conservant généralement le blé, on arriverait infailliblement à le maintenir à un prix moyen variant peu entre 18 et 22 francs l'hectolitre, prix satisfaisant pour tout le monde, qui ferait disparaître ces souffrances terribles qu'endurent les classes pauvres toutes les fois qu'une faible récolte fait considérablement hausser toutes les denrées alimentaires.

Quelle est la valeur relative des plantes qui peuvent entrer le plus fréquemment dans un assolement alterne ?

La plus avantageuse de toutes les plantes fourragères est sans contredit la *pomme de terre,* qui contient un cinquième de son poids de substances nutritives solides. Malheureusement, la maladie qui sévit sur elle depuis plusieurs années, en rend aujourd'hui la récolte moins profitable.

La pomme de terre se reproduit principalement par la plantation de tubercules entiers, ou même coupés, il suffit même d'un morceau de peau portant un œilleton. Elle se reproduit aussi par boutures et mieux encore par les semences qui sont contenues dans les petites boules qui succèdent à la fleur, mais les tubercules qui en résultent sont gros comme une noix, *la* première année, et n'acquièrent leur grosseur normale qu'à la troisième année de culture.

La plantation des pommes de terre entières produit plus que celle des tubercules coupés en morceaux, ce qui justifie le soin qu'on prend de choisir les plus beaux et les plus sains tubercules pour la reproduction.

La nature du sol influe aussi beaucoup sur la qualité et sur le produit de la pomme de terre. Dans les terrains alumineux, c'est-à-dire très-argileux, elle devient volumineuse, mais aqueuse, peu farineuse et souvent âcre.

Dans les sols sableux, elle reste plus petite, mais vient très-farineuse et d'excellent goût. C'est le sol qui lui convient et d'où elle est originaire, et le seul où l'on devrait la cultiver.

Le mode de culture influe aussi sur ce végétal. D'abord, il demande à être suffisamment enfoncé dans la terre bien ameublie, puis ensuite fortement butté, parce que les tubercules nouveaux poussent en contre-haut de la semence et dans la terre de la surface, qui est la plus meuble. Enfin, l'engrais accroît considérablement le produit, ainsi que le démontre l'expérience suivante :

Un terrain, partagé en trois parties égales, fut planté en pommes de terres;

La première partie fut abandonnée à elle-même après la plantation ;

La deuxième fut binée et buttée;

La troisième fut binée et buttée après avoir été préalablement fumée; on obtint :

NOMS DES VARIÉTÉS de Pommes de terre.	Terrain abandonné après la plantation.	Terrain biné et butté.	Terrain fumé, biné et butté.
Pommes de terre :			
Blanches............	92 hectolitres.	168 hectolitres.	350 hectolitres.
Jaunes.............	86 id.	140 id.	260 id.
Rouges..	82 id.	140 id.	122 id.
Violettes...........	62 id.	98 id.	136 id.
Rouges rondes......	74 id.	142 id.	200 id.

D'autres expériences faites par le célèbre **Parmentier**, ce savant auquel on doit la vulgarisation de la pomme de terre, ont également démontré que la fumure et le travail augmentent considérablement le produit, ainsi :

1 hectare labouré, sans être fumé, a produit 180 hectol. de pommes de terre.

1	*id.*	bêché	*id*	*id.*	198	*id.*
1	*id.*	défoncé	*id.*	*id.*	252	*id.*
1	*id.*	labouré et fumé,		*id.*	198	*id.*
1	*id.*	bêché	*id.*	*id.*	240	*id.*
1	*id.*	défoncé	*id.*	*id.*	300	*id.*

Donc, la terre doit être labourée profondément, bien fumée et binée ultérieurement pour le buttage, afin que les tubercules puissent se développer à l'aise.

Si l'on coupe les *fanes* (feuilles) pendant qu'elles sont encore vertes, les pommes de terre restent petites et mûrissent mal, ce qui prouve que les végétaux se nourrissent de l'air au moyen de leurs feuilles, et que, par cette raison, ceux qui ont le feuillage le plus développé sont les moins épuisants.

La pomme de terre crue, donnée trop abondamment aux chevaux, leur cause des colliques. Des vaches, mises exclusivement à ce régime, sont mortes en moins d'un mois, résultat dû à l'eau âcre que la pomme de terre contient, eau qui est une sorte de poison, tant que la cuisson n'en a pas changé la nature.

La pomme de terre produit généralement de 15 à 18,000 kilogrammes par hectare, et comme elle contient plus de matières nutritives solides que les autres racines, elle est la plus avantageuse des cultures appropriées directement à la nourriture de l'homme.

La betterave à sucre vient ensuite; elle contient un septième de son poids de substances nutritives solides. Semée en lignes, distantes de cinquante centimètres et espacées de trente centimètres sur les lignes, comme la pomme de terre, dans une terre bien fumée, bien ameublie et labourée profondément, elle produit de 30 à 80 mille kilogrammes par hectare. On la sème en avril et mai, quand les gelées printannières ne sont plus à craindre, et on l'arrache en novembre, après en avoir coupé les feuilles pour nourrir le bétail. Pour les conserver, on les range en tas plus larges par le bas que par le haut, comme les tas de boulets dans les batteries ; puis on prend de la paille ou de la fougère qu'on ploie en deux et dont on fourre le pli dans les intervalles des betteraves. Cela forme une couverture en chaume, parfaitement imperméable pendant un an, sur la cour ou sur l'aire.

Aujourd'hui qu'on fait de l'eau-de-vie avec la betterave, cette racine est devenue une culture très-avantageuse, puisqu'elle se vend 16 francs les 1,000 kilogrammes, et qu'un hectare peut rapporter de 800 à 1,200 fr., c'est-à-dire, le double ou le triple d'une bonne récolte de froment.

Appliquée à l'engraissement du bétail, la betterave est d'un grand produit. Avec 3,000 hilogrammes de betteraves et 300 à 400 kilogrammes de foin, on engraisse un bœuf en quatre mois. Cette racine nourrit bien les chevaux aussi.

3 kilogrammes de graines de betteraves suffisent pour ensemencer un hectare en lignes.

L'espèce de betteraves qu'on appelle *disette*, acquiert plus de grosseur que celle à sucre, mais elle est moins nutritive et est souvent boisée à l'intérieur. Les betteraves blanches à sucre, de Silésie, et celle jaune, dite *glaube*, sont les meilleures.

Le panais vient ensuite. Il contient un dixième de son poids de substances nutritives solides. On ne le cultive guères en grand qu'en Bretagne. Son produit est de 15 à 20 mille kilogrammes par hectare quand il est semé en lignes. La culture se fait comme celle de la betterave, et réussit beaucoup mieux dans les semailles en lignes que dans celle à la volée, les racines sont plus longues, plus grosses et plus égales.

Les bœufs engraissés au panais donnent beaucoup plus de suif que ceux engraissés dans les herbages de la Normandie ou du Poitou. Les vaches laitières se trouvent bien aussi du panais comme nourriture. Il constitue la base de l'alimentation des chevaux bretons.

La carotte a la même valeur nutritive que le panais. On la sème en avril et en mai. Elle produit environ 15 mille kilogrammes par hectare, quand elle est semée en lignes.

La variété blanche, à collet vert, est la plus employée en agriculture, parce qu'elle produit plus que la rouge et est plus rustique. C'est une nourriture très-recherchée du bétail et qui convient particulièrement aux chevaux.

Le chou contient un quatorzième de son poids de substances nutritives solides. C'est celui de tous les végétaux qui vient le mieux sur les terres nouvellement défrichées, notamment quand la terre est engraissée avec du goëmon. Il produit jusqu'à 40 mille kilogrammes par hectare, tant en feuilles que par le tronc qui, dans l'espèce dite *chou moëllier*, est une nourriture excellente pour le bétail. On le cultive en tout temps dans notre pays, cependant il est bien de planter le choux moëllier de manière à jouir des feuilles de juillet à novembre, et de faire manger le tronc de novembre à janvier, avant qu'il ne se boise. Le chou branchu vendéen, qui résiste parfaitement aux gelées, doit être semé de manière à ce que ses branches soient exploitables de janvier à avril, ce qui permet d'avoir du chou à donner pendant l'automne et l'hiver jusqu'à l'arrivée des pâturages et du trèfle.

La Vendée, ravagée par la guerre civile, a pu réparer ses désastres par la culture du chou branchu, qui lui a permis d'élever beaucoup de bétail. Les Anglais font aussi grand cas du chou dans plusieurs de leurs provinces. D'après leurs observations :

Un grand bœuf, pesant 560 kilogrammes, a mangé pour s'engraisser 110 kilogrammes de chou par 24 heures et 3 1/2 kilogrammes de foin, pendant quatre mois;

Un autre bœuf, pesant 760 kilogrammes, a mangé 84 kilogrammes de chou et 3 1/2 kilogrammes de foin pendant quatre mois.

Un bœuf mange donc 18,900 kilogrammes de choux et 730 kilogrammes de foin pour s'engraisser complètement, c'est-à-dire environ le produit d'un quart d'hectare de choux.

Le chou-navet ou *rutabaga,* est encore une précieuse ressource pour la fin de l'hiver ; sa racine est l'une des meilleures espèces de navets comestibles. Ce navet résiste aux froids les plus rigoureux.

Le navet contient le seizième de son poids de matières nutritives solides. Il produit environ 60 mille kilogrammes par hectare.

Les Anglais font de l'espèce dite *turneps,* une de leurs principales cultures pour nourrir les vaches et les moutons. Ils les sèment toujours en lignes comme la betterave et la pomme de terre.

Deux bœufs, pesant chacun 250 kilogrammes, ayant été mis à l'engrais avec des turneps, mangèrent :

La 1re semaine,	1,508 kilogrammes,		ou 215 kilogr. par jour.
La 2me	1,806	*id.*	265 *id.*
La 3me	1,972	*id.*	281 *id.*
La 4me	2,117	*id.*	302 *id.*
La 5me	2,233	*id.*	319 *id.*
La 6me	2,262	*id.*	327 *id.*
La 7me	2,233	*id.*	319 *id.*
La 8me	2,233	*id.*	319 *id.*
La 9me	2,378	*id.*	339 *id.*
La 10me	2,241	*id.*	320 *id.*
La 11me	2,292	*id.*	327 *id.*
La 12me	2,262	*id.*	323 *id.*
La 13me	1,563	et de la paille hachée,	234 *id.*
La 14me	2,175		310 *id.*
La 15me	2,378		339 *id.*

En tout, 31,793 kilogrammes.

Ce résultat est dans les mêmes conditions que celui obtenu par l'engraissement au chou, en tenant compte de la quantité de matières nutritives solides contenues dans le navet et dans le chou, quantités qui sont dans le rapport de 42 à 73.

Une vache, mise à l'engrais pendant dix semaines avec du foin à discrétion, et qui pesait 200 kilogrammes, mangea, en outre du foin, 10 mille kilogrammes de navets, soit 1,000 kilogrammes par semaine, ou 142 kilogrammes par jour, ce qui démontre qu'un petit animal consomme à peu près autant qu'un grand.

Le trèfle contient la vingt-cinquième partie de son poids de matières nutritives solides. Sa durée est de quatre ans. Dans les terres riches et fraîches, il donne quatre coupes par an. Il réussit dans les terrains argileux quand ils ne sont pas trop compacts et dans ceux silicieux lorsqu'ils sont amendés avec la chaux où les sables coquillers.

Ainsi que la luzerne, qui dure 20 à 25 ans, le trèfle a l'inconvénient de météoriser, c'est-à-dire de faire enfler le bétail qui le mange mouillé ou fraîchement coupé. Dans ce cas, on ne peut sauver les animaux enflés qu'en leur faisant avaler une cuillerée d'ammoniaque liquide (*alcali volatil*), mêlée à une demi-bouteille d'eau, ce qui les désenfle immédiatement.

La graine de trèfle est un important objet de commerce. Pour l'obtenir, on laisse mûrir les fleurs jusqu'à ce qu'elles deviennent noires. On les cueille alors, on les fait sécher au soleil, puis on les pile dans une auge au moyen de gros pilons de bois, après quoi, on crible pour séparer la graine de la poussière. Dans les pays du centre de la France, on a des moulins à eau installés uniquement pour piler la graine de trèfle.

Le foin de trèfle passe pour beaucoup plus nourrissant que celui des prairies naturelles ; mais il faut l'arroser quelques heures avant de le donner au bétail, ou le faire humecter par la pluie ; cela l'attendrit et lui rend une partie de sa saveur première.

Le trèfle incarnat ne dure qu'une année ; son seul avantage est qu'on le peut couper un mois plus tôt que le trèfle ordinaire, c'est-à-dire à une époque où l'on est à court d'aliments, où les animaux sont fatigués de la nourriture sèche d'hiver et où ils sont pressés d'avoir celle du printemps.

La lande pilée peut être considérée comme un trèfle d'hiver. C'est une excellente nourriture pour les chevaux auxquels elle donne de la vigueur. Son seul inconvénient consiste dans l'obligation de broyer ses épines, ce qui prend beaucoup de temps quand on n'a pas une machine spéciale pour le faire, car ce n'est qu'à coups de maillets répétés qu'on y parvient, à défaut de machines.

Il existe beaucoup d'autres plantes fourragères qui sont plus ou moins recommandables selon qu'on les place dans des terrains qui leur conviennent mieux, mais en général elles valent moins que celles décrites ci-dessus, et sont plutôt propres à varier les cultures dans l'intérêt de la terre et des animaux qu'à donner un profit réel.

La culture alterne exclut-elle les prairies naturelles ?

Non certainement, mais seulement dans les lieux trop mouillés pour être cultivés dans de bonnes conditions, ou sur les coteaux dont la pente s'oppose au travail de la charrue et qu'on peut arroser à volonté par une source supérieure. C'est commettre une faute, au point de vue commercial, que de convertir en prairies des champs cultivables, car ces champs produisent moins d'argent en prés que s'ils étaient cultivés en fourrages artificiels, tels que trèfle, betteraves, navets, etc. Mais dessécher des terres trop mouillées ou marécageuses pour les amener à produire de bon foin en remplacement du jonc ou des herbes dures et insipides naturelles à cette sorte de terre, c'est faire preuve d'intelligence. De même, défricher des coteaux susceptibles d'être arrosés par les eaux d'une source élevée, c'est s'assurer une production de foin de première qualité, abondante et de grande valeur; c'est créer un produit important en remplacement d'un presque nul.

La prairie mouillée, desséchée dans des proportions convenables, produit beaucoup de foin de moyenne qualité. La prairie qu'on appelle *pré sec*, qui ne peut être arrosée, donne peu de foin, surtout quand l'année est sèche, mais il est de qualité supérieure. Le pré arrosé donne beaucoup de foin d'excellente qualité, quel que soit le temps qui règne.

La première donne de 6 à 8,000 kilogr. de foin par hectare.
La seconde   «   de 3 à 4,000   «   «
La troisième   «   de 7 à 9,000   «   «   selon qu'elle est ou non exposée au soleil qui favorise la végétation de l'herbe humide, ou qu'elle est a une exposition moins favorable.

La première et la dernière espèces de prairies produisent, en outre du foin, un bon reguin à faucher et à faner, si la saison s'y prête, ou un excellent et riche pâturage pour les animaux légers.

Une vicieuse pratique consiste à mettre le gros bétail sur les prés humides ou sur ceux en pente. Ces lourds animaux font des trous aux premiers avec leurs pieds, y enfoncent l'herbe, l'eau séjourne dans ces trous, et fait pousser des joncs ou d'autres herbes aquatiques de mauvaise nature, ou bien ils font des glissades, sur les prés en pente, qui en déchirent la surface, arrachent l'herbe et diminuent le produit en foin ; ils bouchent et dégradent les rigoles d'écoulement des eaux surabondantes, ou amenant les eaux nécessaires à l'arrosement ; en un mot, ils causent beaucoup de dommage. On fera donc bien de ne mettre sur ces prairies que des animaux légers, tels que des moutons ou de jeunes veaux.

Il est utile de labourer les prés tous les sept ou huit ans, surtout quand on ne peut ni les fumer, ni les arroser, car la mousse les envahit et diminue de moitié leur produit en herbe et en foin.

Les cultivateurs intelligents et soigneux ramassent le jus de fumier de leurs crèches, le mêlent à deux fois autant d'eau , et arrosent avec ce liquide leurs prés secs au printemps, ou lorsque le foin vient d'être enlevé. Ils augmentent ainsi notablement la qualité et la quantité de ce dernier.

Comment doit-on faire le foin ?

Peu de cultivateurs savent faire le foin ; la plupart le laissent trop sécher sur pied avant de le faucher, ce n'est plus qu'une sorte de paille dure, de couleur jaune, et sans saveur. D'autres le sèchent mal.

On doit faucher dès que les graines de l'herbe sont pleines d'une pâte laiteuse, quand l'herbe est encore tendre et savoureuse. Si le temps est beau et que le fanage ait été activé, le foin est couleur gris argenté et a une odeur forte et agréable. Pour obtenir ce résultat, aussitôt que l'herbe a été fauchée, on doit l'étendre au soleil, la retourner et la secouer continuellement. Le soir on la réunit en bandes ou *ondins*. Le lendemain on remue et on retourne continuellement pour hâter la dessication, puis le soir on met en tas de la contenance d'une demi-charrette, ce qui produit un commencement de fermentation favorisant la sortie de l'humidité intérieure de l'herbe. Le lendemain on continue à remuer ; si le temps est beau et qu'il fasse du vent, le foin est assez sec pour être mis en grand tas de deux ou trois voiturées, qu'on laisse fermenter pendant trois semaines. De temps à autre, on fourre le bras dans les tas pour s'assurer que la chaleur et l'humidité ne sont pas trop développées. Tant que l'humidité n'est pas gluante, il n'y a pas de danger. Si elle avait ce caractère gluant, on ouvrirait les tas pendant une journée, et on les referait le soir pour rester jusqu'à ce que la fermentation, qui dure trois semaines, ait cessé. Alors, s'il existe encore quelqu'humidité, il suffit d'ouvrir le tas pendant peu d'heures au soleil, pour compléter la dessiccation et permettre de botteler et de rentrer le foin sans concevoir de craintes qu'il s'échauffe.

Ainsi fait, le foin est d'excellente qualité, conserve toujours son odeur agréable, ainsi que sa belle couleur, et est recherché par les animaux quoique vieux.

Peut-on faire de bon foin avec le trèfle et la luzerne?

Oui, et même d'excellent qui passe pour être très-stimulant et échauffant, mais il n'est bon qu'à la condition qu'il soit bien fait. Pour cela, aussitôt que le trèfle est coupé, on l'étend pour le faire sécher. Dès que les feuilles commencent à noircir et à durcir au soleil, on ne retourne plus le trèfle que le matin quand il est mouillé par la rosée, et le soir quand le serein est tombé dessus, parce que si l'on y touchait pendant la journée, les feuilles desséchées se briseraient, tomberaient en poudre, et il ne resterait plus que les côtes ou tiges dures

Quand le trèfle commence à sécher passablement, on le met en tas d'une charretée, qu'on laisse fermenter pendant trois semaines. Il se développe à l'intérieur de ces tas une forte chaleur, très-humide et très-gluante qui ne doit nullement effrayer. Cependant, si elle devenait trop forte et le foin trop gluant, on ouvrirait le tas pendant quelques heures, puis on le reformerait, en l'abandonnant jusqu'à ce que la chaleur ait disparu naturellement par la cessation de la fermentation. Après cela on peut le rentrer sans danger.

Comme il a déjà été dit, avant de l'employer, il est bien d'exposer ce foin à une petite pluie, ou de l'arroser pour lui rendre une partie de sa saveur première et faciliter sa mastication.

Quelle doit être la proportion du bétail dans une exploitation rurale?

La quantité de bétail doit toujours être proportionnée à la nourriture dont on dispose. Rien n'est plus mauvais que d'avoir un bétail insuffisamment nourri, qui dépérit, devient maladif et ne rapporte rien.

Dans une exploitation agricole bien organisée selon le système alterne, il doit y avoir deux têtes de gros bétail pour chaque hectare cultivé, et comme chaque bête produit au moins dix charretées de fumier par an, il s'en suit qu'on peut disposer de vingt charretées d'engrais par hectare, chaque année, ce qui permet d'entretenir la terre en parfait état de fertilité.

Malheureusement, les choses sont loin d'être ainsi dans la généralité de la France ; à peine trouve-t-on une tête de gros bétail pour cinq hectares, et encore quel bétail ! Cela n'a même lieu qu'autant que ces bestiaux soient placés sur des terrains vagues pendant toute la journée, sous prétexte de pâturage. Aussi, excepté sur une étroite zône du littoral de la mer, notre agriculture manque-t-elle de fumier partout.

Comment peut-on avoir tant de bétail, si l'on ne dispose pas de pâturages étendus ?

Il a déjà été dit que la culture pastorale n'était possible qu'aux tribues disséminées sur de vastes étendues de terrains. Elle cesse d'être praticable là où la population est très-agglomérée, et cependant, c'est précisément dans les contrées les plus peuplées que l'on trouvera toujours le plus grand nombre d'animaux utiles. C'est que là, au lieu de conserver d'immenses territoires incultes, à titre de pâturages, on nourrit le bétail à l'étable avec des fourrages cultivés, en ne le laissant sortir que pendant une couple d'heures pour prendre l'air. Par ce moyen, les animaux sont beaucoup mieux soignés, et le sont sous les yeux du maître comme il le veut. Sans doute, il faut plus de valets pour soigner le bétail que s'il était nourri au pâturage, puisqu'ils sont obligés de faucher, d'arracher, de transporter et de distribuer la nourriture dans les râteliers et les mangeoires, mais tout cela est racheté par le peu de terrain nécessaire pour obtenir cette nourriture, par l'excédant de fumier obtenu, et par le profit fait sur ce nombreux bétail bien tenu pendant toute l'année.

4

Dans le systéme de culture alterne, on est toujours certain de bien nourrir un nombre donné d'animaux pendant toute l'année. Dans les exploitations basées sur le pâturage, on n'est sûr de rien, car, si l'année est chaude et pluvieuse, on aura de la nourriture, mais si elle est froide ou sèche, les pâturages élevés seront brûlés et à peu près anihilés; le cultivateur sera réduit aux abois pour empêcher son bétail de mourir de faim, quelque restreint que ce dernier soit en nombre. Il en sera de même pendant l'hiver, époque où le pâturage est presque nul.

On ne peut donc se livrer fructueusement à l'élève ou à l'engraissement du bétail qu'autant qu'on pratique la culture alterne, ou qu'on dispose de vastes herbages de bonne qualité. C'est ce qui explique le petit nombre d'animaux domestiques existant en France, comparativement à celui possédé par l'Angleterre sur un territoire moins étendu.

En vain choisirait-on de magnifiques races d'animaux, si l'on manque de nourriture elles dégénèreront rapidement. Au contraire, une petite race, soumise à un abondant régime nutritif et à un bon choix de reproducteurs, acquérera des proportions supérieures à son ascendance, et si l'on persévère dans cette voie pendant plusieurs générations , la race sera complètement transformée.

C'est en procédant ainsi que les Anglais sont parvenus à créer des races qui engraissent avec une facilité étonnante, et chez lesquels les morceaux de choix acquièrent des dimensions prodigieuses. Ils ont également des races très-bonnes laitières, des moutons atteignant des poids extraordinaires, des chevaux énormes, propres au travail , et d'autres d'une grande vitesse pour les courses et la chasse, le tout en grande quantité.

Pour obtenir de bons résultats dans l'élève des animaux, il faut les soumettre à un régime régulier, leur donner peu à manger à la fois, mais souvent. Cela économise la nourriture et ils la mangent mieux que s'ils en avaient trop, cas où ils en piétinent une grande partie. Il est bien aussi de varier la nourriture afin d'exciter l'appétit des animaux en évitant la satiété, car l'avantage du bon cultivateur est de faire consommer le plus possible à son bétail, pour que celui-ci profite et rende l'équivalent en viande, en lait et en fumier. Le mauvais cultivateur fait précisément le contraire.

Un peu de sel donné avec le fourrage aiguise aussi l'appétit des animaux qui choisissent de préférence l'herbe poussée sur des champs engraissés avec des plantes marines qui y déposent un peu de sel.

Une longue expérience faite sur 40 mille bêtes a démontré que pour les bœufs, vaches et moutons,
1 kilogramme de viande est obtenu par 25 kilog. de foin sec de première qualité.
ou par 30 kil. de luzerne sèche.
ou par 36 kil. de trèfle sec.
ou par 17 kil. de fourrage en grains comme pois fèverolles, etc.
ou par 13 kil. d'avoine.
ou par 10 kil. d'orge.
ou par 7 kil. tourteaux de lin.

Pour les veaux :
1 kilogramme de viande est formé par 11 kilog. lait pur ou 17 kilog. lait écrêmé.

Pour les porcs :
1 kilogramme de viande est formé par 7 kilog. d'orge ou 10 kilog. d'avoine.

Les aliments cuits sont plus propres que les crus à favoriser l'engraissement; ainsi, sur 10 porcs mis à l'engrais, cinq avec des aliments crus, et cinq avec des aliments cuits, au bout de trois mois, chacun des premiers avait augmenté de 53 kilog., et chacun des derniers de 79 kilogrammes.

Où met-on les animaux quand on n'a pas de pâtu-rages réservés ?

Lorsqu'on manque de pâturages, on garde le bétail dans des crèches ou étables. C'est ce qu'on appelle les soumettre à la *stabulation*. Pour faire prendre l'air aux animaux, on les laisse libres dans une cour pendant quelques heures. Les Anglais ont à cet effet des râteliers dans les cours où le bétail se nourrit à volonté ; il s'abrite ensuite sous des hangars.

Cette manière de faire ne paraît pas rationnelle, parce que les animaux se battent, se blessent, s'empêchent de manger, et sont moins bien soignés que dans les crèches.

Ce que les Anglais font mieux c'est de diviser par des clôtures en fil de fer les pâturages réservés, et de mettre le bétail dans chacune des divisions jusqu'à ce que l'herbe soit entièrement consommée. Pendant ce temps l'herbe pousse dans les autres au lieu d'être foulée par les animaux comme cela serait arrivé si ceux-ci avaient le libre parcours, et abimaient plus d'herbe qu'ils n'en mangeraient.

Existe-t-il des caractères indiquant la bonté des animaux ?

Oui, en général, dans toutes les espèces, l'animal large, trapu, bien corsé, fortement membré, devra toujours être préféré aux animaux hauts sur jambes, efflanqués, à membres grêles et décousus ; il résistera mieux aux fatigues du travail ou autres, auxquelles il sera soumis ; il profite mieux de sa nourriture et est moins sujet aux maladies.

Pour les animaux destinés à la boucherie, les mêmes formes larges, jointes à des os fins, devront toujours obtenir la préférence, comme étant un signe certain de facilité d'engraissement.

Le bœuf et la vache bretonne sont bien constitués, il ne leur manque que de la taille, ce qui provient de l'insuffisance du régime nutritif et du peu de soins apporté à la reproduction, ainsi que le témoigne ce fait remarquable, que la taille est proportionnelle à l'abondance de la nourriture des diverses parties de la Bretagne. Partout où cette race est soumise au pâturage naturel, elle est d'une petitesse remarquable, mais sa taille s'élève dès que la culture fourragère apparaît sous forme de choux, de panais, de trèfle, de betteraves, etc. Elle deviendrait certainement l'une des meilleures de l'Europe, si elle était convenablement soignée.

Les chevaux bretons sont bons aussi, et ne laissent à désirer que pour certaines de leurs formes qu'on améliorerait aisément par un meilleur choix de reproducteurs. Ils placent la Bretagne au nombre des provinces les plus productives de la France sous le rapport hyppique.

Le porc breton est très-mauvais et très-mal conformé pour l'engraissement. Sa viande est dure, coriace et filandreuse. Il présente les caractères les plus contraires au facile engraissement. On le devrait croiser avec le porc anglo-chinois, qui est petit, presque aussi large que haut, à os très-fin, se nourrissant facilement et donnant une chair tendre et savoureuse.

Il en est de même du mouton breton qui a les mêmes défauts que le porc, et qui gagne considérablement à être croisé avec le mouton du Leycester (Angleterre), qui produit beaucoup de belle et longue laine, qui est constitué pour engraisser rapidement, et dont la chair est tendre et savoureuse en même temps que d'un poids énorme.

Comment connaît-on l'âge des animaux ?

Par les dents d'abord, mais outre que cette connaissance ne peut s'acquérir que par la pratique de l'inspection des animaux, elle est restreinte à un petit nombre d'années, après quoi, l'usé prématuré des dents, à la suite de la consommation prolongée de racines mal nettoyées de la terre qui y adhérait, ne permet plus d'apprécier sainement.

Le cheval marque jusqu'à sept ans. Après cet âge la dent est un indice incertain.

Dans les races bovines et ovines, les cornes indiquent presque toujours d'une manière plus commode l'âge des animaux. A trois ans, il se forme à la base des cornes une sorte d'anneau ou bourrelet, puis chaque année suivante il s'en produit un au-dessus, de sorte qu'en comptant le nombre d'anneaux et en y ajoutant *trois,* on a l'âge de l'animal ; ainsi, trois anneaux indiquent six ans.

A quels signes connaît-on qu'une vache est bonne laitière ?

D'abord, aux veines placées sous le ventre, près du pis. Plus ces veines sont grosses et tortillées, plus la vache a de lait. C'est ce qu'on appelle communément la fontaine de lait.

Cette méthode, souvent vraie, ne l'est cependant pas toujours ; d'ailleurs, elle n'indique ni la quantité, ni la qualité, ni la durée du lait.

On doit aux frères GUÉNON des moyens bien plus certains.

D'abord, un indice général d'abondance de lait consiste dans la couleur jaune de l'intérieur des oreilles de la vache, ainsi que dans l'adhérence d'une sorte de cire jaune à leur épiderme. Cette couleur et cette cire se retrouvent aussi à la quèue.

Un signe certain de la bonne qualité du lait est la présence, sur la partie postérieure du pis, d'un poil fin, soyeux et abondant. Le lait est assurément gras et buttireux. Le poil long, dur, clair, annonce un lait bleu et clair.

Mais nous avons aujourd'hui mieux que tout cela. Les frères GUÉNON ont porté au comble l'importance de leur méthode, résultat d'une judicieuse observation, véritable trait de génie, en constatant que la valeur lactifère des vaches est proportionnelle à l'étendue d'une sorte d'écusson formé, à la partie postérieure de leur pis et à la partie interne de leurs cuisses, par un poil remontant, d'une couleur différente de celui du reste du corps qui va toujours en descendant. Ainsi, quand toute cette partie du pis et des cuisses représente un écusson ou plastron couvert de poil remontant, c'est une preuve certaine que la vache est grande laitière et qu'elle ne tarit jamais ou que pendant fort peu de temps.

En comparant la forme et l'étendue des surfaces couvertes de poil remontant, les frères GUÉNON sont parvenus à classer le produit des vaches, et à la seule inspection, à dire la quantité de lait donnée par chaque vache, ainsi que la durée de cette production, et cela avec une approximation surprenante, quelle que soit l'espèce et la taille des vaches.

Ce que cette méthode présente surtout de précieux, c'est que, outre qu'elle indique si bien la valeur lactifère des vaches, elle indique aussi celle du taureau comme type laitier, du mouton, de la chèvre et du cheval, et cela dès leur naissance, de sorte qu'elle donne le moyen de savoir d'avance quelle sera la valeur lactifère des animaux, et quels sont ceux dignes d'être élevés, ou ceux qu'on doit vendre à la boucherie.

Une longue observation a permis aux frères GUÉNON d'établir une classification de toutes les vaches, quant à leur produit en lait. Malheureusement, elle est trop compliquée et fort difficile à appliquer, surtout chez les classes inférieures; mais il suffit de connaître les types de chaque classe pour être assuré de n'acheter que de bonnes vaches, et de connaître le produit qu'on peut obtenir de chacun de ces types chez les vaches de grande taille, chez celles de moyenne taille, et, enfin, chez les petites races.

Le cultivateur qui veut acheter de bonnes vaches se rappellera avant tout que le produit et la durée du lait sont proportionnels à la surface de l'écusson formé par le poil remontant, quelle que soit la forme de celui-ci.

La classification des frères GUÉNON peut se réduire avantageusement à trois classes assez faciles à distinguer dans les bons animaux, quoiqu'elles présentent plusieurs variantes.

Ainsi, la première classe que les GUÉNON appellent *Flandrines*, porte un écusson, ou sac à lait, surmonté d'une sorte de long cou ou goulot, large d'environ dix centimètres, montant jusqu'à la racine de la queue, comme l'indique la figure 1. *(La planche des figures se trouve à la fin de l'ouvrage)*.

Les vaches de cette classe et de grande taille, pèsent 250 à 300 kilogrammes de viande nette, c'est-à-dire de viande de boucherie dégagée de la peau, des intestins, des pieds et de la tête; elles donnent 20 à 22 litres de lait par jour, jusqu'à ce qu'elles soient pleines de nouveau; alors le produit diminue un peu et se maintient jusqu'au nouveau vêlage.

Les vaches de moyenne taille donnent 16 litres de lait par jour, sans jamais tarir non plus.

Les vaches de petite taille produisent 12 litres par jour, dans les mêmes conditions de durée.

La figure 2 montre cette même classe de vache à sa moindre qualité; ici les vaches de grande taille ne donnent plus que 4 litres de lait pendant deux mois.

Celles de moyenne taille, 2 litres jusqu'à nouvelle gestation.
Les petites tailles,   1 litre   *idem.*

Cette classe présente des variétés ou dégénérescences qui produisent moins en raison de la surface moindre de l'écusson.

Ainsi, la figure nº 4 ne diffère du nº 1 qu'en ce que le goulot surmontant l'écusson est un peu plus étroit et tout entier placé à gauche de la queue.

Le nº 7 n'a plus qu'un goulot étroit comme un liseret montant jusqu'à la vulve, aussi ne donne-t-il que 18 litres de lait pour les grandes tailles, 14 litres pour les moyennes, et 10 litres pour les petites tailles.

Le nº 10 se remarque par la forme en zig-zag du goulot.

Entre les meilleures vaches d'une classe et les plus mauvaises, il y a plusieurs degrés de bonté, mais le rendement en est toujours proportionnel à la surface de l'écusson.

Enfin, on doit redouter une grave cause d'erreur dans l'appréciation des vaches. Celles mêmes qui paraissent les meilleures, peuvent être très-mauvaises si elles possèdent un ou deux écussons de poil descendant près de la vulve, ayant environ dix centimètres de long sur six à sept de large; ou bien si le poil remontant vers la vulve se hérisse et déborde en travers sur les cuisses, avec une couleur rougeâtre; ou encore quand la peau manque de la cire jaune dont il a été parlé. Ces vaches perdent leur lait aussitôt qu'elles sont pleines, quoiqu'auparavant elles en donnassent autant que les meilleures. On les appelle *Bâtardes*. Voir les fig. 3 — 6 — 9 — 12.

La 2me classe, les *Cornues*, présente le même écusson ou sac à lait que la 1re classe, mais au lieu d'être surmonté par un goulot plus ou moins rectiligne, l'écusson est surmonté, tantôt d'une courbe, comme à la fig. 1, tantôt d'espèces de cornes. On trouve quatre variétés :

Les cornues pointues, où l'écusson se termine par une pointe montant vers la vulve, fig. 5 — 6 — 7.

Les cornues carrées, où la pointe se termine carrément, fig. 8, variété peu commune.

Les bicornes, où l'écusson a 2 pointes, fig. 1 — 2 — 3, variété très-répandue.

Les tricornes, où l'écusson a 3 pointes, fig. 4, variété rare.

Ces variétés se valent en tant que la surface de l'écusson est égale. Elles ont aussi leurs bâtardes, fig. 3 et fig. 7.

La courbe du n° 1 remonte jusqu'à quelques centimètres de la vulve.

Les vaches de grande taille donnent 18 à 20 litres de lait par jour et ne tarissent pas.

Les plus mauvaises 3 litres, jusqu'à nouvelle gestation seulement.

Les vaches de moyenne taille produisent 15 litres de lait par jour sans tarir.

Les plus mauvaises 2 litres jusqu'à nouvelle gestation.

Les petites tailles donnent 12 litres de lait sans tarir.

Les plus mauvaises 2 litres jusqu'à la gestation.

La 3me classe, nommée *Carrésines* par les GUÉNON, est en quelque sorte le type, ou point de départ du système. Elles n'ont que l'écusson ou sac à lait sans aucune adjonction. La partie supérieure de l'écusson est formée par une ligne droite horizontale. Fig. 1 — 2 — 3. Elles ont également leurs bâtardes, fig. 3.

Cet écusson ayant moins de surface que celui des autres classes, le produit en lait est moindre.

Les vaches de grande taille donnent 16 litres de lait par jour et ne tarissent pas.

Les plus mauvaises 2 litres jusqu'à nouvelle gestation seulement.

Celles de moyenne taille 12 litres sans tarir.

Les plus mauvaises 1 litre jusqu'à gestation nouvelle.

Les petites tailles 9 litres sans tarir.

Les plus mauvaises 1/2 litre jusqu'à gestation nouvelle.

Comme il a été dit précédemment, les vaches de toutes les races sont soumises à la même règle appréciative des frères GUÉNON, et ne s'en éloignent que par les particularités du lait plus ou moins buttireux.

La nourriture, plus ou moins abondante, varie bien le produit des animaux, mais n'affecte nullement la proportionnalité qui existe entre eux, en vertu de leur conformation, c'est-à-dire qu'il y a toujours la même différence de produit entre une bonne et une mauvaise vache, soit que toutes deux soient parfaitement nourries, ou que toutes deux le soient mal.

Le mouton est-il un animal profitable au cultivateur ?

Oui, car sa laine est utile pour la confection des vêtements du cultivateur, confection qui utilise les moments perdus et les longues soirées d'hiver. En outre, nul animal ne rapporte plus à engraisser, parce que sa viande est constamment la plus chère qu'on trouve dans les boucheries. Enfin , il produit d'excellent fumier, raison pour laquelle, dans les pays de grande culture, on entretient des troupeaux considérables qu'on fait camper sur les champs, pendant une partie de l'année, pour les fumer, ce qu'ils font à raison d'un mètre carré par mouton et par jour. On laboure aussitôt après, et la terre se trouve engraissée sans avoir nécessité de charrois.

Dans la petite culture, le mouton ne peut exister que sur une petite échelle. Dans l'ancien système agricole quelques moutons suivent les vaches. Dans la culture alterne, le nombre pourrait être accru, parce que ces animaux resteraient dans la crèche ou bergerie et ne se promèneraient que peu d'heures dans un lieu bien clos. Alors, il conviendrait d'avoir une bonne race facile à nourrir, comme le mouton anglais du Leycester qui donne 5 à 6 kilogrammes de laine longue et belle, et qui atteint des poids considérables de 60 à 80 kilogrammes. A défaut de ces excellents animaux, on pourrait avoir les métis provenant de leur croisement avec les brebis du pays; le produit sera plus que double de celui des mères en laine et en viande.

Ainsi, l'agneau breton d'un an donne 1 kilogramme de laine grossière et courte, valant. . . . . 2 fr. 50 c.

L'animal est vendu. 4   00

Valeur totale. . . . . 6 fr. 50 c.

Le métis anglais-breton d'un an produit
3 kil. de laine belle et longue, valant. . . . 9 f.

Son poids est plus que double de l'autre
et, en outre, il est gras et plus savoureux,
il est vendu.. . . . . 15 $\Big\}$ 24 fr. 00 c.

Différence en faveur du métis anglais. . . 17 fr. 50 c.

Le mouton doit être mis dans une crèche ou étable très-aérée, une espèce de cage, seulement couverte pour lui éviter la pluie ; il ne redoute que la chaleur et la transition du chaud au froid.

Quelle est l'espèce de cheval la plus avantageuse à élever ?

Dans les pays de petite culture, comme la Bretagne, le cheval le plus avantageux est celui de trait, qui est facile à élever, qui rend des services de bonne heure, taré ou non, et dont la vente est très-courante et toujours certaine.

Le cheval fin ne convient qu'aux grands propriétaires qui ont le temps d'attendre qu'il soit propre au service et l'occasion de le vendre. D'ailleurs, les emplois du cheval de trait sont beaucoup plus multipliés que ceux du cheval de luxe, et le seront toujours, d'autant plus que l'agriculture, l'industrie et le commerce se développeront davantage.

Est-il profitable d'élever de la volaille ?

Oui, mais à la condition qu'elle trouve sa nourriture habituelle dans les fumiers des basses-cours et dans les mauvais grains qu'on recueille lors de la récolte. Elle coûterait plus cher qu'on ne la vendrait s'il fallait l'élever exclusivement avec du blé ou de la farine ; elle coûte surtout très-cher dans les petites fermes privées de cours closes, sans lesquelles la volaille va dévorer les semences dans les champs, où elle cause un préjudice considérable.

Mais l'engraissement est une source de bénéfices importants pour les cultivateurs éloignés des marchés, qui ont intérêt à transformer leurs produits lourds, encombrants et de peu de valeur, en viande recherchée.

C'est particulièrement l'hiver qu'on engraisse la volaille ; celle d'un an est préférable, surtout si elle n'a pas été accouplée. On la met dans une caisse étroite et très-obscure, ce qui porte les poulets au sommeil. Le matin on leur fait avaler une douzaine de pâtons de la dimension d'une grosse noisette, et autant le soir, sans boire. Ces pâtons sont faits avec de la farine d'orge et de blé-noir, délayée avec un peu de lait pour former une pâte ferme. On trempe les pâtons dans du lait en les donnant, pour les rendre glissants, et on les enfonce dans le bec des poulets, qui les avalent fort bien. Avec trois semaines de ce régime, on fait acquérir un demi ou un kilogramme de graisse à l'animal, dont la valeur se trouve plus que triplée.

Ici encore, il convient de croiser la petite race du pays avec les belles races indiennes qui pèsent quatre ou cinq fois plus, se vendent beaucoup plus cher et ne consomment pas davantage.

Peut-on récolter le miel et la cire dans les ruches sans tuer les abeilles ?

Oui, il n'y a guères qu'en Bretagne qu'on étouffe les abeilles pour les dépouiller de leur provision de miel. Ailleurs, presque partout on taille, c'est-à-dire on coupe une partie des gâteaux, en laissant le reste aux abeilles qui ne tardent pas à réparer la perte qu'on leur a fait subir. A cet effet, on emploie fréquemment des ruches composées de deux parties superposées, dont on change l'une aisément.

Ou bien, on change les abeilles de ruche ou panier quand la saison fait espérer qu'elles pourront se réapprovisionner. A cet effet, on soulève la ruche pleine, on applique dessous une ruche neuve, vide, puis on renverse le tout de manière que la vide soit dessus et la pleine dessous. En frappant sur celle-ci, on fait monter les abeilles dans l'autre. Pendant la nuit, on met en place la ruche neuve dans laquelle sont les abeilles et l'on emporte la vieille ruche.

Le meilleur système des ruche, consiste en un petit panier

de paille dans lequel on place un essaim. Quand on s'aperçoit que celui-ci est remplit de gàteaux, on le soulève pour placer dessous un panier sans fond, ou espèce de cercle en paille de 20 à 25 centimètres de hauteur, pour agrandir la ruche. Huit à dix jours après, ce cercle peut être lui-même rempli ; on lui souperpose un autre cercle semblable et l'on emporte la ruche primitive qui recouvre le tout ; on enlève de celle-ci les gàteaux chargés de miel, puis on replace cette ruche, avec le couvain qu'elle peut contenir, sur les cercles qui sont eux-mêmes déjà à peu près pleins.

Par ce moyen, on conserve les abeilles, on recueille du miel et de la cire fraîche en bien plus grande quantité, parceque l'a-grandissement successif de la ruche empêche ou diminue l'essai-mage, et que l'essaim étant plus nombreux fait plus de travail.

L'élève de l'abeille est aujourd'hui trop négligé en Bretagne, où elle était autrefois l'objet d'un commerce considérable.

Vaut-il mieux être fermier que propriétaire ?

Sans doute, l'homme qui travaille pour lui seul, le fait avec plus de courage et d'intelligence que si une notable partie de ses peines profite à son propriétaire. Il est donc rationnel que le cultivateur cherche à acquérir la terre afin de profiter seul de ses travaux. Mais avant tout, il doit posséder les moyens d'exploiter convenablement sa terre. Autrement quelque laborieux qu'il soit, nonobstant son intelligence, sa conduite régulière, l'ordre avec lequel il gère ses affaires, il n'est pas certain de réussir si ses forces productives sont inférieures à ses besoins. Il lui faut, avant tout, l'argent nécessaire pour se procurer un matériel suf-fisant en instruments et en animaux, et aussi pour continuer ses travaux nonobstant les accidents, ou chances de mauvaises ré-coltes. Sans cela, le travail le plus opiniâtre ne le sortira de la misère qu'autant qu'il ne lui survienne ni accidents, ni mau-vaises chances.

Dans ce cas, mieux vaut être fermier avec un capital suffisant, que propriétaire sans ressources. Mais aussi il faut au fermier un bail assez long pour qu'il puisse rentrer dans ses avances et profiter de ses améliorations. Les baux en usage, disposés par séries triennales, sont absurdes, parce qu'ils ne laissent au cultivateur aucune sécurité dans la durée de sa position et l'empêchent nécessairement de faire des dépenses qui pourraient ne pas lui rentrer.

2.ᵐᵉ Classe.—CORNUES.

Fig. 2.
mauvaise.

Fig. 3.
bâtarde

Fig. 4.
tricornes.

Fig. 6.
mauvaise

Fig. 7.
bâtarde.

Fig. 8
cornue carrée.

3.ᵐᵉ Classe.—CARRÉSINES.

Fig. 2.
mauvaise

Fig. 3.
bâtarde.

Lithog Typo Roger, Brest

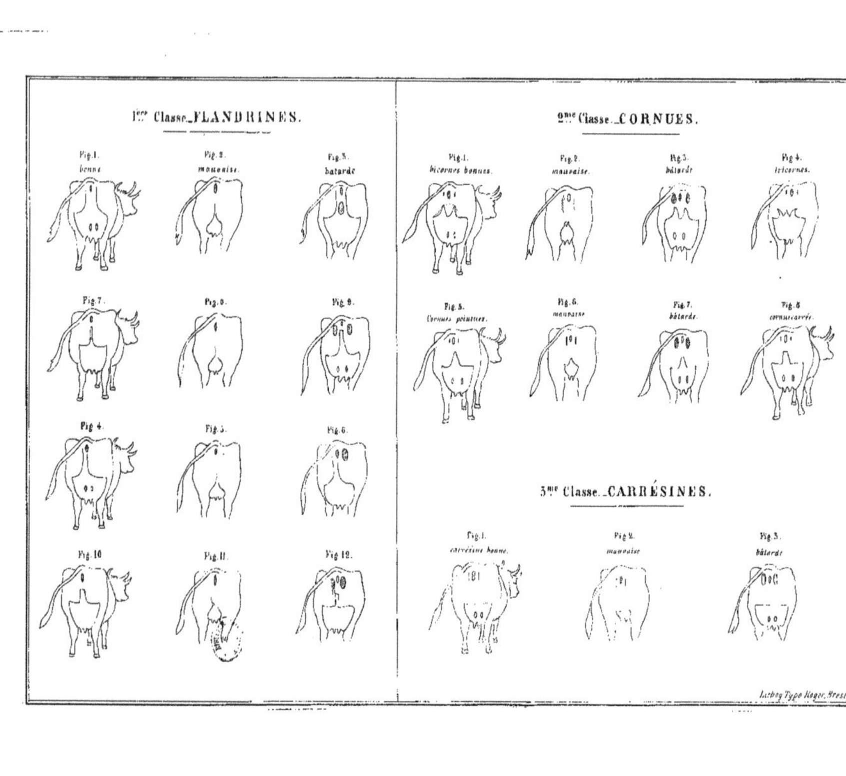

1re Classe — FLANDRINES.
Fig.1. bonne
Fig.2. mauvaise.
Fig.3. bâtarde
Fig.7.
Fig.8.
Fig.9.
Fig.4.
Fig.5.
Fig.6.
Fig.10.
Fig.11.
Fig.12.
2me Classe — CORNUES.
Fig.1. bicornes bonnes.
Fig.2. mauvaise.
Fig.3. bâtarde
Fig.4. tricornes.
Fig.5. Cornues pointues.
Fig.6. mauvaise
Fig.7. bâtarde.
Fig.8. cornue carrée.
3me Classe — CARRÉSINES.
Fig.1. carrésine bonne.
Fig.2. mauvaise
Fig.3. bâtarde
Lithog Typo Roger, Brest